喜见卞毓麟新作《拥抱群星》

普及天文，不辞辛劳；
年方古稀，再接再厉！

叶叔华

二〇一五年十一月于上海

叶叔华先生是中国著名天文学家，中国科学院资深院士。她曾任国际天文学联合会副主席，中国科学技术协会副主席、上海市科学技术协会主席、中国科学院上海天文台台长等。

人类进入空间时代以来，在自然科学的广阔舞台上，天文学又一次成为光彩夺目的明星，许多青少年朋友都盼望能够早日走近天文学，这本简明扼要、好看易懂、生动亮丽的《拥抱群星》正好助你愿望成真。

中国科学院院士、国际天文学联合会前副主席

南京大学天文与空间科学学院教授

2019 年 8 月 29 日于南京

科技部荣誉证书

明英宗正德二年（1437年）仿元代仪器制造的
简仪，现陈列在南京市中国科学院紫金山天文台

坐落在贵州省黔南布依族苗族自治州平塘县
的"中国天眼"FAST全景图（来源：FAST项目团队）

大熊座旋涡星系 M101 距离地球约 2100 万光年,直径约 17 万光年,因形似风车,故又名"风车星系"(来源:NASA)

卞毓麟科普作品典藏

卞毓麟◎著

拥抱群星

与青少年一同走近天文学

（修订本）

长江出版传媒 长江文艺出版社

图书在版编目（ＣＩＰ）数据

拥抱群星 ：与青少年一同走近天文学 / 卞毓麟著
. -- 修订本. -- 武汉 ：长江文艺出版社， 2020.10
　（卞毓麟科普作品典藏）
　ISBN 978-7-5354-9460-3

　Ⅰ.①拥… Ⅱ.①卞… Ⅲ.①天文学－青少年读物
Ⅳ.①P1-49

　中国版本图书馆 CIP 数据核字(2020)第 002778 号

责任编辑：黄柳依　　　　　　　　　责任校对：毛　娟
封面设计：天行云翼·宋晓亮　　　　责任印制：邱　莉　　胡丽平

出版：长江出版传媒　　长江文艺出版社
地址：武汉市雄楚大街 268 号　　　邮编：430070
发行：长江文艺出版社
http://www.cjlap.com
印刷：湖北新华印务有限公司

开本：640 毫米×970 毫米　　 1/16　　印张：13.5　　　插页：2 页
版次：2020 年 10 月第 1 版　　　　 2020 年 10 月第 1 次印刷
字数：162 千字

定价：32.00 元

作者的话

2003 年,我正好 60 岁,5 辑共 50 个品种的"金苹果文库"终于出全了。我是应江苏教育出版社之邀,主编这个面向青少年的"文库"的。当时,这"文库"是江苏教育出版社的科普品牌,每一辑 10 本书,首辑于 1997 年推出。我们为"文库"定下一条规则:每卷书都要有一份短小精悍的作者题词。例如,华惠伦著《会飞的动物》题词为"搏击长空是勇敢者的理想",张锋著《三位猿姑娘》题词为"热爱大自然吧,那里有快乐和智慧的宝藏",等等。50 本书出齐后,统览全部题词,殊觉各具哲理,誉之曰精彩纷呈似不为过。

我为"金苹果文库"写了两本书,第一辑的《宇宙风采》题词为"洞察宇宙的身世是人类智慧的骄傲",第五辑的《群星灿烂》题词为"敞开胸怀,拥抱群星;净化心灵,寄情宇宙"。这些话语曾在天文爱好者中广泛流传,我日后也在各种场合反复宣传同样的理念。2014 年底,上海科学普及出版社邀我为青少年写一本天文入门读物。我不久就为它想好了书名:《拥抱群星——与青少年一同走近天文学》。

我为写作《拥抱群星》定了几条必备的要求:科学内容准确及时,叙述风格简明扼要,遣词造句流畅生动。这不容易做到,但应努力尝试。2015年秋,全书竣工交卷。我国德高望重的天文学前辈领军人、国际天文学联合会前副主席叶叔华院士,得知我还在写作天文科普书,很感欣慰,乃于同年 11 月赠我 16 个字以资鼓励(见彩色插页 1):

普及天文,不辞辛劳;年方古稀,再接再厉!

是的,"年方古稀",我当年才 72 岁,还有许多工作等着我做哩。孰料,一个多月后的 12 月下旬,我确诊患上了直肠癌。接着,在上海市肿瘤医院治疗,由放疗科朱骥医生主治。朱教授年富力强,敬业崇德,术有专精,我对他深怀敬意。2016年7月治疗顺利结束，此后迭经复查，至今均告安然。治疗期间，仔细审阅《拥抱群星》之校样，未曾耽误出版进度。2016年10月，此书正式面世。数十天后，适逢上海市科学技术协会、中国科普作家协会、中国科普研究所于12月17日联合在沪主办"加强评论，繁荣原创——卞毓麟科普作品研讨会"，上海科学普及出版社向会议赠新书《拥抱群星》150本，与会者几乎人手一册。

《拥抱群星》出版后，即受到多方关注，并获得不少荣誉和鼓励。例如，入选国家新闻出版广电总局2017年向全国青少年推荐百种优秀出版物，2018年由上海市科委评为上海市优秀科普图书、继而又由科技部评为2018年全国优秀科普作品，2019年在中宣部、农业农村部组织的新时代乡村阅读季活动中入选2019农民喜爱的百种图书。

两年多以前，长江文艺出版社开始推出一个开放式的小系列，名曰"卞毓麟科普作品典藏"。先已出版的三个品种是：《星星离我们有多远》《追星——关于天文、历史、艺术与宗教的传奇》和《悦读科学——卞毓麟品书录》。这本《拥抱群星》（修订本）是"典藏"系列的第四种书，修订的主旨是努力跟上近年来有关的新成就和新发现。当代天文学的发展日新月异，一本书往往还在印刷之中，有些地方却又突然变得过时了。但是，修订仍须尽力为之。我想，这既是对读者负责，也是对叶叔华先生寄语"年方古稀，再接再厉"的一种回应吧。

承蒙我在南京大学求学时代的老师、中国科学院院士方成教授为本书题词（见彩色插页2），中国科学院上海天文台前台长、上海市天文学会名誉理事长赵君亮教授推荐本书（见封底），中国科学院紫金山天文台刘炎教授慨允将《〈拥抱群星——与青少年一同走近天文学〉特色浅析》一文作为本书附录，多位友人惠赠相关插图照片（均随图注明出处），谨此一并致谢。

最后，必须一提的是，今年上半年新冠肺炎疫情严重，致使原出版进度大受影响。但长江文艺出版社运筹有方，责任编辑黄柳依女士倾力劳作，终使本书开印不误，作者对此深为感激并表敬意。

卞毓麟　2020年9月于上海

目 录

前　言

　　我有一个笔名叫"梦天"，朋友们说这很富有诗意。其实，我最初使用这个笔名，只是因为我从小就梦想成为一名天文学家，一个探索宇宙奥秘的人。

　　人们往往很难说出，自己是从哪一本书上第一次学会了认字。与此相仿，我并不清楚自己从哪一本书上第一次学到了最初的天文知识。不过，我依稀记得，还在上小学以前，父母亲给我买了许多好看的书，它们都是《幼童文库》的成员。《文库》中的每本书都很薄，但每张纸倒是厚厚的，书中文字不多，彩色的图画很美丽。其中有一本书说到地球绕着太阳转，月亮绕着地球转，还说到了水星、金星、火星、木星等，它们也像地球一样，都是绕着太阳转圈子的行星。总之，这是一本幼儿爱看的介绍太阳系的书。

　　后来，到了 1956 年，我上初中二年级的时候，祖国的大地上响彻了"向科学进军"的嘹亮号声。科学家们日以继夜地工作，科普书刊也比以前更多了。我看了不少天文通俗读物，它们是多么迷人啊。于是，我开始学习认星星了。这并不很难，但是要持之以恒。许多年以后，我为少年朋友们写了一本书，名字就叫《星星是我们的好朋友》。

　　那时，我们这些初中生已经有了自己的憧憬："我想当飞行员""我想当作家""我想当老师"……当我说自己"想当一名天文学家"时，老师是那么认真地注视着我。我不知道这目光有什么含义，但我猜想，其中一定包含着深情的期待。

　　时间过得很快，我成了上海市卢湾中学的一名高中生。那时，有许多课外兴趣小组，我参加的是数学小组。高考来临，我填报的第一志愿是南京大学数学天文学系，结果被录取了。后来，数学天文学系分成了数学、天文学两个系。我在天文学系学习，非常愉快。

大学时代的物质生活很清苦，但同学们精神面貌奋发向上。我们的系主任戴文赛教授很博学，他待人和善，深受全系师生尊敬。尤其使我感动的是，他数十年如一日热心于普及科学知识。1979 年 3 月，戴老师病危之际，还写下了这样的话语："我一直认为，科学工作者既要做好科研工作，又要做好科学普及工作，这两者都是人民的需要，都是很重要的工作"，"我们科学工作者，应该拿起笔来，勤奋写作，共同努力，使我们中华民族以一个高度科学文化水平的民族出现在世界上。"

1965 年，我大学毕业，分配到中国科学院北京天文台（今国家天文台）工作，也成了一名专业天文工作者。我在从事科研工作的同时，也一直笔耕不辍，创作和翻译了大量科普作品。1998 年，我投身科技出版事业后，也依然同天文界保持着密切的联系。

前面说过我最初使用笔名"梦天"的缘由，而后它又增添了一层新的涵义，那就是——

我国古代天文学取得了举世瞩目的成就，但从明朝末年以来却日渐落后于西方发达国家。我有时在梦中也会想到：中华民族的天文事业何时能在世界上重振雄风，再显辉煌！我相信，这一梦想，必将随着举国上下齐心协力为之奋斗的中国梦而逐渐转变为现实。当然，亲爱的青少年朋友们，其中必定也有你们的贡献。

人生的少年犹如旭日初升。在结束这篇短序的时候，我愿借用 19 世纪法国诗人波德勒尔的诗句，来表达盼望你们爱惜时间、努力求知的感情：

　　你看早晨的太阳多么美丽，
　　正沿着山岗缓缓升起。
　　请珍惜这美好的一天吧，
　　它从无限的光辉中向你致意。

卞毓麟
2015 年中秋节于上海

解读大自然

我想知道这是为什么。我想知道这是为什么。

我想知道为什么我想知道这是为什么。

我想知道究竟为什么我非要知道

我为什么想知道这是为什么！

——理查德·费恩曼

图 1-1　猎户座中的马头星云

◈ 理查德·费恩曼(1918—1988)，美国物理学家。因对量子电动力学所做的基础性研究工作，与另外两位科学家分享了 1965 年诺贝尔物理学奖。关于此处引文的来历，有一个趣味盎然的故事，可参见《迷人的科学风采——费恩曼传》一书([英]约翰·格里宾、玛丽·格里宾著，江向东译，上海科技教育出版社，1999 年)。

最古老的科学

"天文学是最古老的科学,而且显然是最有趣的科学。此外,它又是业余爱好者能够作出有效贡献的唯一科学。专业天文工作者一头栽到天体物理学和宇宙学中去了,而把发现新的彗星、小行星、新星,监测种种变化,以及注意各种天象留给了业余天文爱好者。"

图 1-2 科普大师艾萨克·阿西莫夫(1920—1992)。他有 100 多本书已被译成中文出版

这是享誉全球的科普大师和科幻泰斗艾萨克·阿西莫夫的看法。我想,在其他学科中,业余爱好者们应该也有他们的用武之地。但是就此而言,天文学似乎最为突出。

假如你也是一位天文爱好者,那么你就应该为自己爱着一门"最古老的科学"而感到自豪。恩格斯在《自然辩证法》中曾经写道:"必须研究自然科学各个部门的顺序的发展。首先是天文学——单单为了定季节,游牧民族和农业民族就绝对需要它。"要是古代人对于最明显的天文现象和规律都一无所知,那么他们就会因为不能辨认方位而难以远出狩猎采集,也会因为不能预知严冬将临而忽视储备必要的食物。事实上,他们在这方面却做得不错,因此他们必定多少已经具备一些简单的天文知识。巴比伦的泥碑、埃及的金字塔、中国的甲骨文,都具体地证实了这一点。如果把人们开始有意识地观测天体、适当地记录日月食和天体的运行周期算作天文学的开端,那么它绵延至今至少已

图 1-3 记述新星的甲骨片。中间一列 6 个字是"有新大星并火"

有五六千年的历史了。

　　天文学确实有趣而神奇：人类生活在小小的地球上，竟能研究远在上百亿光年之外的星系和类星体；人类的寿命如此短暂，竟能对恒星的一生了解得那么清楚；"奔月"早已不是神话，无人驾驶的宇宙飞船已经实地或近距考察了太阳系中所有的大行星；"先驱者号"和"旅行者号"宇宙飞船作为人类的使者，驶入了茫茫星际空间……

图 1-4　2007 年 10 月我国的"嫦娥一号"探月卫星按预定计划飞向月球

　　古人在能够将天文知识付诸实用之前，应该有一个为好奇心和求知欲所驱使、从而对天文现象由注目而关心的阶段。好奇心和求知欲两者有着相当大的差别。许多高等动物——例如猴子，在一定的条件下也会表现出它们的好奇。但是，求知欲却是人类特有的。人类除了为着生存、更美好地生存而辛勤劳作外，还永远为着求知而不懈地努力。这类例子多得不胜枚举。例如，在 19 世纪，英国科学家法拉第研究电和磁，创造了一个又一个奇迹。他并不是为了实用，而是为了了解自然、为了求得知识和探索真理而投身科学事业的。另一方面，他的崇拜者、大发明家爱迪生则在实用方面创造了一个又一个同样令人惊愕不已的奇迹。

才华出众的美籍俄裔科学家和科普作家乔治·伽莫夫曾经说过:"有人说:'好奇心能够害死一只猫',我却要说:'好奇心造就一个科学家。'"他非常强调科学对于人类发展的作用,他不同意科学的作用仅仅在于"达到改善人类生产条件的实际目的",科学"当然也是为了达到这个目的,但这个目的是次要的,难道你认为搞音乐的主要目的就是为了吹号叫士兵早上起床,按时吃饭,或者催促他们去冲锋?"

在科学研究中,有些事情的重要性需要许多年以后才会显示出来。当那些原始牧民在夏夜的草原上仰望群星的时候,他们根本不会想到,自己那些星星点点的——在今天看来简直微不足道的知识和经验,竟会对整个人类的历史进程产生这样大的影响。然而,追根溯源,我们今天生活在这个世界上,却有着那些遥远祖先的一份功劳。

图 1-5 沃隆佐夫-维利亚米诺夫《宇宙概说》的中译本(苏寿祁译,江苏科学技术出版社,1983年)

在这里,我愿邀请亲爱的读者们一起,欣赏我多年来经常诵读的一首诗:《星座的名字在我心中》。它的作者是苏联著名的天文学家沃隆佐夫-维利亚米诺夫,全诗录自他所著的《宇宙概说(通俗天文百科)》一书(苏寿祁译,江苏科学技术出版社,1983年):

我爱繁星满天的夜晚,
散射着光芒的火花。
遥远的、闪烁着的星光,
我不会忘记这片生命的云霞。

不知怎么,我从童年就爱上
渐渐隐没在天顶上的银河,

在深夜高空中逃遁着的、
正在熄灭着的流星迹痕。

轻轻的声音随着微风飘去，
紧跟着一片寂静的到来。
我热恋着的星星名字，
不由清楚地浮现在我的脑海。

多少个名字在胸中沉浮，
多少种民族语言把它编织，
在银河的照耀中，
难道就那么少的星星在闪烁！

星星的颜色神奇般地变幻着，
天空尽是火一般的古代文字，
古老的、不朽的星星之名，
皆是昔日部落祖先的赐予。

参宿四，参宿七在天空闪烁着红光，
猎户座，天狼星就在下方，
心宿二像烧得通红的煤球，
它们的名字，我立即能叫上。

我将回忆起入暮的朦胧，
烛光的光点在天上若隐若现，
天空呈现出暗淡的黄色丝绒，
星座的名字，就在我心中。

罗塞塔碑的故事

象形文字

俗体文字

希腊文本

图1-6 罗塞塔碑(局部)的三个组成部分

这本关于星星的书,应该从何说起呢?

我想先从一块并没有记录天文事件的石碑谈起。当你读了这个故事后,就会明白其中的道理。

在埃及的尼罗河三角洲,有一座著名的历史文化古城,名叫亚历山大。1799年,法国拿破仑远征军的一支工兵在离亚历山大48千米处的罗塞塔镇附近发现了我们所说的那块石碑,它就被称为罗塞塔碑。这块古埃及纪念碑长约1.1米,宽约0.75米。1801年法国人撤离埃及,此碑为英国人所得,如今存放在大英博物馆里。

罗塞塔碑上的碑文约撰于公元前2世纪初,内容是祭司对埃及国王托勒密五世的颂扬,称赞他对教士和人民的仁慈。碑上的文字由三部分组成:上部用古埃及象形文字刻写(共14行),中部是古埃及的俗体文字(象形文字的极度草体化,共32行),下部则是希腊文(共54行)。欧洲的学者们能够读懂希腊文的版本,但古埃及的语言文字知识却失传已久,因而人们非常希望能通过罗塞塔碑来辨认和解读古埃及的文字。许多人为此呕心沥血,而对释读碑文贡献最大的则是英国医生兼物理学家托马斯·杨和法国学者商博良。

杨出生于 1773 年。他是一个名副其实的神童,2 岁就能阅读,6 岁已通读《圣经》两遍,青年时代掌握了希腊语、拉丁语、法语、意大利语、希伯来语、阿拉伯语、波斯语、土耳其语和埃塞俄比亚语等 10 多门外语。他还能演奏多种乐器,其中包括苏格兰的风笛。他先在苏格兰的爱丁堡大学学医,后来在德国的格丁根大学取得博士学位,1799年在伦敦开业行医。他第一个发现眼球的晶状体在注视不同距离的物体时,是怎样改变形状的。1801 年,他又阐明了散光是由于角膜曲率不规则而造成的。杨研究了人是如何感觉色彩的,并率先提出,并不一定要有各种不同的生理机能才能感觉到各种不同的颜色;实际上,只要有三种颜色的感觉机能就够了。按不同比例混合这三种颜色,就会产生无穷无尽的各种颜色。事实证明,他的"三色论"在原则上是正确的。当然,我们也不会忘记,所有的中学物理课本都会介绍光学中的"杨氏干涉实验"。因为波的基本性质之一是会发生干涉,杨氏实验证明光确实会发生干涉,也就证明了光是一种波。杨氏,就是托马斯·杨。

杨活了 56 岁,于 1829 年去世。杨的学术成就极其广泛,这里要说的是,他从罗塞塔碑的象形文字中辨认出一些神名和人名,例如托勒密;把它们的希腊文拼法和古埃及象形文字的拼法作仔细的比较,最终使杨认出了象形文字的一部分字母,而这

图 1-7　英国科学家托马斯·杨(1773—1829)

图 1-8　法国学者商博良(1790—1832)

正是进一步解读全文的基础。

　　法国语言学家商博良在此基础上继续前进。他生于1790年，16岁时已通晓拉丁语、希腊语和6种古代东方语言，18岁时即被任命为历史教授。在所有的古埃及学学者中，他首先意识到古埃及象形文字中有些符号是字母，有些又是音节，有些则是用以表示前面说过的完整思想或事物的义符，而不仅仅是图画般的"象形"。他还证实了罗塞塔碑上的希腊文是原文，那段象形文字碑铭则译自希腊文，而人们原先却一直误以为希腊语碑文是译文。通过研究和对比罗塞塔碑和其他碑文，商博良整理出许多象形文字的意义和拼法，以及一些语法特征。商博良只活了42岁，于1832年去世。不过，他在去世之前，实际上已经成功地找到了古埃及象形文字的所有基本原则。

图1-9　古埃及寺庙墙壁上的象形文字通常都是从上往下竖刻、从右往左排列的

　　那么，这和天文学又有什么关系呢？或者说，罗塞塔碑的故事和科学研究又有什么关系？

　　这种关系，是一种深层次的领悟和启示。试想：科学家们的全部努力不就在于寻找那种能够辨认大自然的语言文字的"罗塞塔碑"吗？

　　这一过程是极其艰难的，需要有无数的托马斯·杨和商博良。那么，哥白尼、伽利略、牛顿和爱因斯坦不正是其中的佼佼者吗？

　　不言而喻，每一位天文学家都希望自己能够找到识别宇宙之谜的"罗塞塔碑"，希望自己能够为解读宇宙的"罗塞塔碑"作出决定性的贡献。

了解科学的历史

　　我总是津津乐道罗塞塔碑的故事，因此有一位记者朋友曾经问我："您对历史如此感兴趣，对科学史必定更是情有独钟。您是否认为科学家都应该熟悉科学史？"

　　我想，真正熟悉未必很容易，但一名合格的科学家，甚至一名真正的科学爱好者，对于科学史都是应该有所了解的。这样才能更深刻地理解科学精神、科学思想和科学方法的形成与演进。

　　17世纪的英国哲学家、实验科学的先驱者弗朗西斯·培根有一句名言："读史使人明智"，读科学史当然也不例外。如今优秀的科学史著作林林总总，在此我特地向读者

图1-10　《科学编年史》由中国科学院院士席泽宗任主编，上海科技教育出版社2011年出版，约1800个条目，1000余幅插图，易读易懂

朋友推荐由中国科学院院士席泽宗任主编的《科学编年史》一书。这部大型的普及型科学通史类读物，由国内120余位科学家和科普专家协力原创，于2011年由上海科技教育出版社出版。全书取材始于约公元前19 000年，迄于公元2000年，由此构建的约1800个条目按编年体撰写，其中部分条目

还顺带勾画了 21 世纪初的重大科学进展。书中的千余幅精美插图，为更顺利地阅读全书提供了很大方便。中国科学院院长白春礼在为《科学编年史》撰写的序言中说道："'前事不忘，后事之师'，历史上中国曾经数次与科技革命擦肩而过，而今世界正处于新一轮科技革命的前夜，中国面临着一次难得的历史机遇。科技的创新需要全体国民的参与和努力……希望读者尤其是青年读者，在领略科学史实之际，更能感受科学发现背后'兼容并包'与'创新'之重要。有了对创新的追求并为之辟出一方沃土，我们才能拥有自己的科学大师。"这些话真是讲得何其中肯啊！

由于同样的原因，我对科学文物古迹也很感兴趣。例如，我亲身到过印度的斋浦尔古天文台，到过英国的巨石阵，拍了一些好照片，觉得相当幸运。我在伦敦威斯敏斯特大教堂（也就是人们常说的"西敏寺"）突然看见哈雷墓上新建未久的彗星状标志，顿时感到一种奇遇般的喜悦；英国人给这个彗星标志画了 10 条彗尾，并在这些彗尾上用非常精练的语言概括了哈雷丰富多彩的科学成就。

图 1-11　印度斋浦尔城于 18 世纪末建造的简塔·曼塔尔古天文台

　　1988年3月，我由中国科学院北京天文台（今国家天文台）派往英国爱丁堡皇家天文台做访问学者，途经伦敦稍事逗留。3月20日，当我在大英博物馆中亲眼见到那块实实在在的罗塞塔碑时，心情真是激动极了。虽然有许许多多人在围观，我还是及时按下了照相机快门，留下了那块世界名碑的身影。

图 1-12　今日中国科学院国家天文台的一座科研楼

　　很快地，我又从伦敦到了苏格兰的首府爱丁堡这座极其美丽的古城。托马斯·杨当年就读的爱丁堡大学如今有一个天文学系，它就设立在我去工作的地方——爱丁堡皇家天文台里。在本书的后半，我还会介绍爱丁堡皇家天文台的历史，它从一个侧面反映了两个世纪来英国天文学的状况，而且有不少地方值得我们深思和借鉴。

　　现在，就让我们抬头仰望夜空中的天幕，开始我们的天文之旅吧。

夜空天幕

青云衣兮白霓裳，举长矢兮射天狼。

操余弧兮反沦降，援北斗兮酌桂浆。

撰余辔兮高驰翔，杳冥冥兮以东行。

——屈原：《九歌·东君》

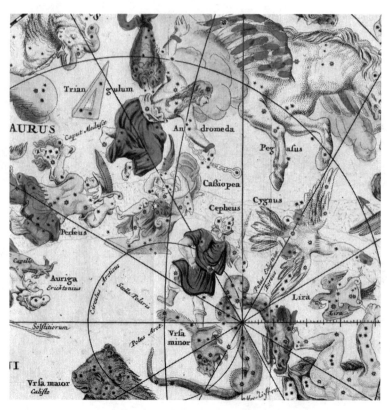

图 2-1　古星图中的"王族星座"

天穹上的画卷

夜幕降临,仰望长空,一颗颗明亮晶莹的星星就像镶嵌在天穹上的明珠。

也许,你又想起了那首代代相传的儿歌:"天上星,亮晶晶,数来数去数不清……"是啊,这么多星星,除了天文学家,谁又能够分辨清楚呢?

其实认星并不难。请想想吧,古人在几千年以前——那时的科学还那么落后——就认识星星了,难道你生活在今天还不行吗?

假如你不认识天上的星星,那并不是因为这太难做到,而是因为你还没有开始认真地学。只要你努力尝试,就一定会像每一个天文爱好者那样,叫出许多星星的名字,就像呼唤你的好朋友那样方便。

图 2-2   罗马尼亚的一个小山丘上天文爱好者们正在观星。夜空中金星与月亮交相辉映

夜空中,群星仿佛在天穹上组成了各种各样有趣的图案,使天幕变成了一本巨大的画册。在这本画册上,有熊、有鹰、有天鹅、有狮子,还有三条狗和许多别的东西,只要你有耐心,就会逐渐了解它们的。

人类辨认星星的历史相当悠久,那是一个有趣的故事——

在亚洲西部,伊拉克境内,有两条著名的大河:幼发拉底河和底格里斯河。它们流经的区域称为"两河流域",在希腊语中叫作"美索不达米亚",意思就是"两河之间的地方"。"美索不达米亚平原"也和我国的黄河流域一样,也是人类文明的摇篮。

古代两河流域的南部称为巴比伦尼亚,巴比伦尼亚的南部称为苏美尔。早在公元前四千多年,圆颅直鼻的苏美尔人已经是那儿的主要居民。公元前三千年之后不久,苏美尔人成了首先发展起一套书写系统并留下历史记载的人。

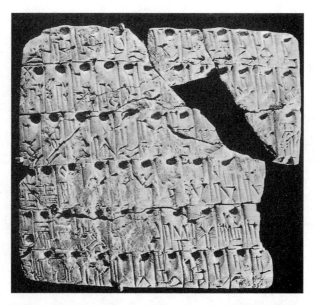

图 2-3 苏美尔人的楔形文字起源于约公元前 3000 年,是刻在泥板上的象形符号

苏美尔人早就发现,天上的群星仿佛构成了一些容易识别的图形。他们比任何其他民族更早而有系统地把天空划分成了一个个星群。据信,他们在公元前三千年已经这么做了。后来,人们就把这种星群称为"星座"。苏美尔人还为那些星座取了名字,其中有些名称一直流传到今天,并在国际上通用。

到了古希腊时代,一个包括 40 多个星座的星空体系已经形成。这些星座的名称,都和美丽古老的希腊神话传说紧密联系在一起,而这些神话很可能就起源于巴比伦。

例如,在古希腊的神话传说中,有这样一个奇妙的故事——

埃塞俄比亚国王色弗斯的王后名叫卡西奥匹亚。她炫耀自己的女儿安德洛墨达是世上最美丽的姑娘,就连海洋中最美的仙女——海神波塞冬的女儿也比不上她。海神知道了非常生气,他要严厉地惩罚那位骄傲的王后。他在大海上鼓起波涛,派出一个巨大的怪物——鲸鱼,到海边吞吃色弗斯国王的百姓。谁也战胜不了这个怪物。要它离去只有一个办法,那就是把可爱的公主安德洛墨达献给它。

国王束手无策。为了拯救国家和人民,他只好用铁链把自己的女儿锁在海边的岩石上。鲸鱼从波浪中浮出了水面……

正在这时,大神宙斯的儿子、英雄珀尔修斯恰好从这儿经过。他刚刚完成一项伟大的事业——割下了女妖墨杜萨的脑袋。墨杜萨的头发是无数条毒蛇,谁直接看她一眼,谁就会立即变成石头。聪明的珀尔修斯趁墨杜萨熟睡时,从反光的青铜盾里看了个准,一刀砍下了她的脑袋。

珀尔修斯来解救可怜的公主了。他从空中降落下来,举剑向海怪刺去。鲸鱼回过身子想吞吃珀尔修斯。但是,英雄珀尔

图 2-4　意大利雕塑家安东尼奥·卡诺瓦（1757—1822)的新古典主义作品:英雄珀尔修斯展示他砍下的女妖墨杜萨的脑袋

修斯突然把墨杜萨的脑袋举到了海怪眼前。刹那间,巨大的海怪就变成了石头。

国王和全国人民都衷心地感激珀尔修斯。安德洛墨达做了他的妻子。后来,他俩又一同乘坐珀尔修斯的飞马比加索斯离去了。

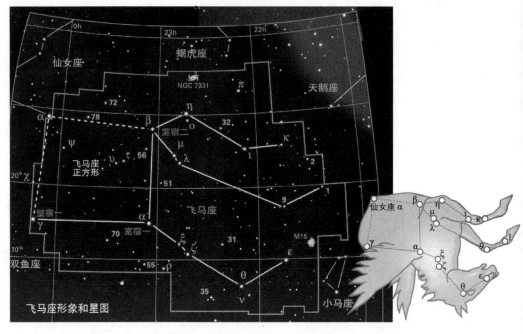

飞马座形象和星图

图 2-5　飞马座星图和神话形象

图 2-6　古希腊天文学的集大成者
托勒玫(约 90—约 168)

　　整个故事非常动人,天上有 6 个星座和它有关:仙王座(色弗斯)、仙后座(卡西奥匹亚)、仙女座(安德洛墨达)、英仙座(珀尔修斯)、飞马座(比加索斯)和鲸鱼座(那个讨厌的海怪)。人们常把它们统称为"王族星座"。

　　公元 2 世纪,古希腊天文学家托勒玫系统地总结了前人的工作,把能在北半球看见的星空划分成 48 个星座,还给它们一一取了希腊神话故事中的名字。这是西方世界影响最深远的一种星座划分体系。

星座的划分

　　生活在地球北半球的人，看到的星座大多在天空的北部。16 世纪以前，科学家们的活动大多在北半球，古希腊天文学家也不例外，他们对南天的星空并不了解。17 世纪以后，航海家和天文学家开始对南天星空进行系统的观测，并陆续命名了一批新的星座。当时正处于近代科学技术和航海事业的发展初期，因此人们给新星座起名时用了不少近代科学仪器和航海用具的名称，例如望远镜座、显微镜座、时钟座、矩尺座、船帆座等。此外还增添了一些珍奇动物的名称，如孔雀座、凤凰座、剑鱼座等。

图 2-7　巴拉圭的纪念邮票，画面是德国杰出画家丢勒（1471—1528）的作品北天星座图（1515 年）

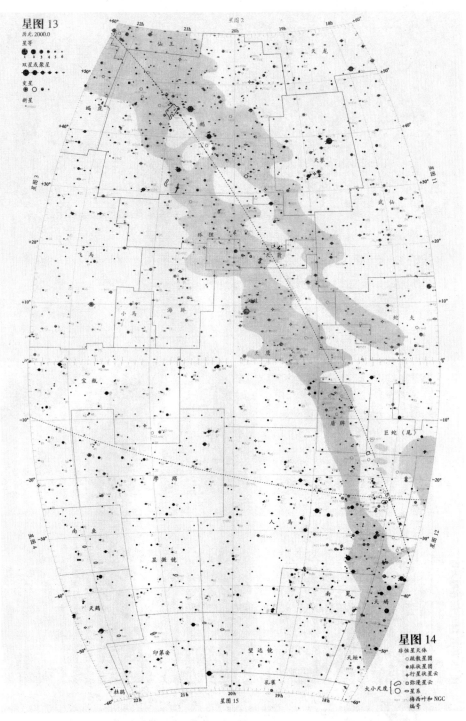

图2-8　现代星图已不再描绘艺术化的星座形象。这里是著名的《诺顿星图手册》中的一幅分图，灰色（原版彩图为绿色）区域表示银河。可以看出，星座的边界都是平行于经纬线的折线段

到了现代,国际天文学联合会在 1928 年重新公布了全天星座的划分和定名,这就是当前国际上通用的 88 个星座。对于北部天空,它基本上沿用了古希腊的星座体系,并且全部保留了原先那些星座的名字。

在这 88 个星座中,大约有一半是以动物命名的,有四分之一以希腊神话中的人物命名,还有四分之一以仪器和用具命名。北天的希腊星座充满了古老而神奇的色彩,至今仍能激起人们对于星空的遐想。南天近代星座的名字,在今天看来与北天星座似乎不太协调。但是,这对于天文学研究和认识星空来说,并不会造成什么麻烦。下面分类列出所有这88 个星座的名称。

星座名称

神话形象（44 个）：仙女，宝瓶，天鹰，白羊，御夫，牧夫，鹿豹，巨蟹，猎犬，大犬，小犬，摩羯，仙后，半人马，仙王，鲸鱼，后发，北冕，天鹅，天龙，小马，波江，双子，武仙，长蛇，狮子，小狮，天兔，天秤，天琴，蛇夫，猎户，飞马，英仙，双鱼，南鱼，天箭，人马，天蝎，巨蛇，金牛，大熊，小熊，室女。

仪器用具（17 个）：唧筒，雕具，船底，圆规，巨爵，天炉，时钟，显微镜，矩尺，绘架，船尾，罗盘，网罟，盾牌，六分仪，望远镜，船帆。

珍奇动物（18 个）：天燕，蝘蜓，天鸽，乌鸦，海豚，剑鱼，天鹤，水蛇，蝎虎，豺狼，天猫，麒麟，苍蝇，孔雀，凤凰，杜鹃，飞鱼，狐狸。

其他（9 个）：天坛，南冕，南十字，印第安，山案，南极，玉夫，三角，南三角。

在中国古代,对于星群的划分,也有自己独特的体系。早在周朝以前,即公元前 11 世纪以前,我们的祖先就把星空划分成了许多"星官",它们的意思大体上和星座相仿。后来,又进一步演变为"三垣二十八宿"的星空体系。"三垣",是指天穹北极——即"北天极"——周围的三个天空区域,它

们分别叫作紫微垣、太微垣和天市垣。"二十八宿"是指大致沿黄道分布的28个天区,它们的名字是"角、亢、氐、房、心、尾、箕、斗、牛、女、虚、危、室、壁、奎、娄、胃、昴、毕、觜、参、井、鬼、柳、星、张、翼、轸"。

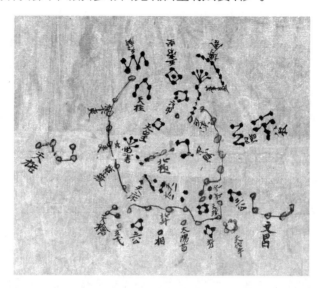

图 2-9　敦煌星图是在敦煌经卷中发现的,约绘制于公元 8 世纪初。20世纪初流失到英国,现藏伦敦大英博物馆。这里是 13 幅分图之一,其下半部的北斗七星清晰易辨

那些星宿的名字,化作神话人物,频频出现在中国古典文学作品中。例如,在《西游记》中尤其出名的"昴日鸡"是昴宿的化身,它的神话形象是一只威武雄壮的大公鸡。这些名称一直流传到了现代。从天文学的角度来看,星宿和星座并没有什么本质差别,只是与此有关的神话传说和相应的名称反映了东西方传统文化的差异。如今,虽然国际上已经统一采用共同的星座体系,但我们中国人谈到那些星宿的名称却依然感到亲切而有趣。

给星星点名

每个人都有自己的名字,名字就代表这个人。

在辨认星空、观测天象时,同样需要知道星星的名字。为星星取名字,

就像给每颗星贴上一个标签,一提到这个名字,就知道说的是哪一颗星了。这里,我们就来谈谈星名、星表、星图以及它们之间的相互关系。

事实上,早在远古时代,各个文明国家和民族,如中国、印度、希腊、埃及、巴比伦等,就已经为许多星取了名字。

亮星通常各有自己的专名。例如,在夏夜的银河中,你很容易看见美丽的天鹅座。在这只大天鹅的尾巴上,有一颗非常亮的星,古代阿拉伯人叫它"戴耐布",意为"天鹅之尾"。我国人民自古以来一直叫它"天津四",意思是"天津"这个星官中的第四颗星。而"天津"的意思则是"天上的渡口"。

图 2-10　天鹅座是夏夜星空中很容易辨认的重要星座。它的形象真有点像一只展翅翱翔的天鹅

如今国际通用的恒星命名的基本方法是：在每一个星座中，恒星按从亮到暗的顺序，依次用希腊字母α、β、γ、δ、ε等命名，并且还要加上星座的名称。例如，狮子座中最亮的那颗星就叫狮子座α*，中国古代称为"轩辕十四"；狮子座中的第二亮星叫狮子座β，中国古星名为"五帝座一"等。再如仙王座δ，中国古代称为"造父一"。造父本是周朝时代的一位驾车能手。另一位驾车高手、春秋时代的晋国人王良，后来也和造父一样被用来作为星官的名字。

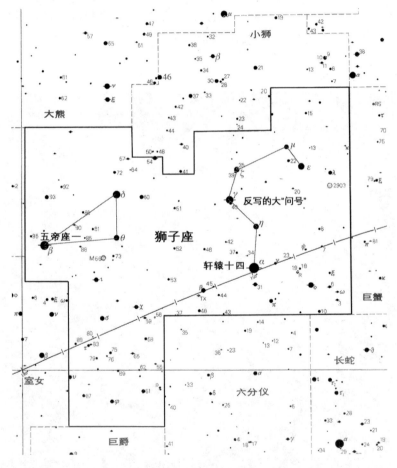

图 2-11　狮子座的形象很像一只头向西尾朝东的大狮子。它头部的 6 颗亮星构成一个镰刀形，像是一个反写的大"问号"。请注意，现代星图的画法通常是左东右西，恰与地图相反

*　或省略"座"字，即称"狮子α"。后文中类似情况不再一一说明。

　　希腊字母只有24个，很快就会用完的。这怎么办呢？天文学家给星星编上号，例如大熊座80、天鹅座61等等。

　　天上的星星那么多，人们在不同时候和不同地点看到的星空又互不相同，所以很有必要给星星列一份"花名册"——这就是天文学家常说的"星表"。在星表中每一颗星各有一个确定的号码，就像每个学生都有一个学号那样，只要一说这个号码，我们就知道是谈论哪颗星星了。比如天鹅座61，利用天文望远镜可以发现，它实际上是由两颗互相绕转的恒星组成的双星系统，这两颗星中的每一颗都叫作双星系统的一颗"子星"，它们分别称为天鹅座61A和天鹅座61B；同时，它们在著名的亨利·德雷珀星表（简称HD星表）中的编号分别为201091和201092，所以又分别称为HD 201091和HD 201092。

　　天文学家在星表中除了记录星星的名字外，还要记下每颗星的位置、亮度和其他主要特征。这就像在学校里，除了要登记学生的姓名以外，还要把他们的性别、出生年月、家庭住址等基本情况都记下来，编成一本"学生情况表"。

　　古代天文学家很早就开始编制星表了。著名的古希腊天文学家依巴谷*在公元前2世纪编制了一份星表，200多年后，托勒玫对它作了修订和补充，制定了包括48个星座、1022颗恒星的"托勒玫星表"。它在欧洲作为一份基本的星表沿用了将近1500年，直到17世纪才陆

图2-12　古希腊天文学家依巴谷（约前190—约前120）在进行天文观测

* 依巴谷有三个都很常见的中译名：依巴谷、伊巴谷和喜帕恰斯。

续出现一批新的、更优良的星表。

19 世纪以来,随着天文学的迅速发展,各国天文学家编制的星表也越来越多、越来越大了。今天,一些大型天文数据库中存储的电子版星表,所含的天体数甚至需以千万计。它们利用计算机检索,要比翻阅一本本厚厚的书方便得多。

我们知道,地理学家和旅行家都有两个重要的助手,那就是“地图”和“地名录”(或“地名手册”)。地图是图,地名录是表。地图的优点是很直观。但是,如果我们只是听说过一个地方的名字,却完全不知道它在何处,那么要在地图上直接找到它往往就很费事。比如说,请您在世界地图上找一找“康康”这个城市,容易吗?原来,它是非洲国家几内亚的第二大城市,为农产品集散地。但是查一下中国地图出版社出版的《世界地名手册》,就知道这个城市位于北纬 10°23′,西经 9°18′。这样,就不难在地图上找到它了。可见,地名录或地名手册是很有用的。

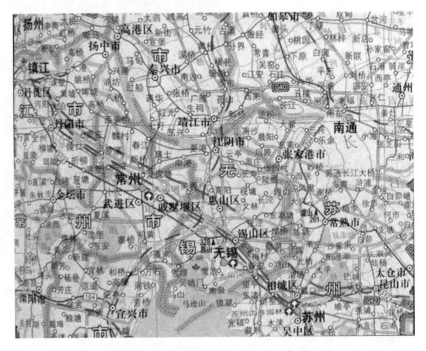

图 2-13　地图的优点是一目了然,星图也是如此。从这幅地图上一望即知镇江、丹阳、常州、无锡、苏州大致位于一条直线上

当然，我们还应该看到事情的另一方面。那就是，地图往往更一目了然。例如，你打开江苏省地图，就很容易看到：从镇江市往东南，经过丹阳市，沿着铁路线继续前进，即可依次到达常州市、无锡市和苏州市，而且这些城市大致都位于同一条直线上。如果你不去直接查阅地图，而只是从地名手册上查出一系列城市的经纬度，那恐怕就很难立刻弄清它们彼此的位置关系了。

星表中列出每颗星在天球上的坐标，很像"地名录"中列出每个城镇在地球上的经度和纬度。星图中画出天上的每个星座，很像地图上画出地上的每个国家；星图上画出每颗星的位置，很像地图上画出每个城镇在什么地方。地图和地名录相辅相成，各有各的用处；星图和星表同样相辅相成，同样是各有各的用处。

群星璀璨

群星争辉，美不胜收。

我们可以用"厘米"来表示一样东西的长度，用"千克"来表示一个人的体重，用"公顷"表示一块土地的面积。那么，一颗星星的亮度又怎样来表示呢？

可以用"星等"表示。天文学史上第一次给恒星的亮度分等级，是在公元前 150 年左右，那时古希腊天文学家依巴谷把他观测的 850 颗星分成 6 个等级。他把最亮的 20 颗星定为"1 等星"，把正常人的眼睛勉强能看见的暗星定为"6 等星"，其间依次为"2 等星""3 等星""4 等星"和"5 等星"。这种方法一直为后人所沿用。

依巴谷确定的星等是有缺陷的。首先，就拿 20 颗 1 等星来说，它们并不完全一样亮，却全部"并列第一"，这显然是不精确的；从 2 等星到 6 等星的情况也是如此。其次，依巴谷的时代还没有测量天体亮度的仪器，他只凭自己的肉眼来区分恒星亮暗的程度，当然就比较粗糙。这种情况，直到 19 世纪中叶发明照相技术之后，才得到彻底改善。

1856 年，英国天文学家波格森发现，那些 1 等星的平均亮度差不多正好是 6 等星亮度的 100 倍。由此，他提出一种衡量恒星亮度的"标尺"，那就是：星等数每差 5 等，亮度就相差 100 倍；亮度每相差 2.512 倍，星等数就相差 1 等。这样，1 等星的亮度是 2 等星的 2.512 倍，2 等星的亮度又是 3 星 2.512 倍，3 等星的亮度则是 4 等星的 2.512 倍，依此类推。于是，1 等星的亮度是 3 等星的 2.512×2.512 倍，即约 6.31 倍。进一步还可以知道，1 等星的亮度是 4 等星的 $(2.512)^3=15.85$ 倍，是 5 等星的 $(2.512)^4=39.82$ 倍，6 等星的 $(2.512)^5=100$ 倍。

比 6 等星更暗的是 7 等星，再暗的是 8 等星、9 等星……另一方面，比 1 等星更亮的则是 0 等星，比 0 等星更亮的就是负数等星了。

今天测量和计算恒星的亮度，远比古代精确得多。为了更准确地表示恒星的亮度，星等经常要用小数来表示。事实上，绝大多数星星的星等数都并不恰好是整数。例如，天狼星是 -1.46 等，北极星是 1.99 等。

但是，为了画图的方便，在普及型的星图上标明星等时，往往把比 0.5 等更亮的星全都用 0 等星的记号表示，从 0.5 到亮于 1.5 等的星全都用 1 等星的记号表示，从 1.5 到亮于 2.5 等的星全都用 2 等星的记号表示，如此等等。

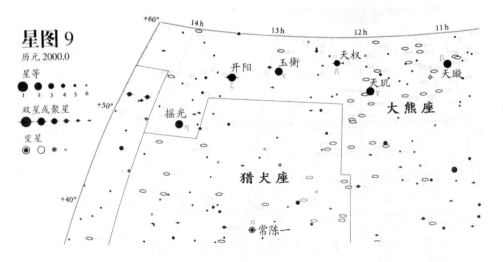

图 2-14　诺顿星图局部，左侧是星等图例。星图上部是大熊座，从中很容易看到北斗七星中的 6 颗星

　　需要注意的是，当并非十分必要时，人们——包括天文学家——通常并不会一个劲儿地谈论很精确的星等数，只要用近似值就可以了。这就像平时问南京离上海有多远时，一般情况下回答"大约 300 千米"就足够了，用不着特地说明乘火车是多少千米，或者走高速公路是多少千米。因此，通常还是可以按照自古以来的老习惯，把天狼星、织女星等 20 来颗最亮的恒星一律称为 1 等星，把北极星称为 2 等星，如此等等。

　　那么，为什么有的星星那么亮，有的星星又那么暗呢？

　　最直接的原因有两个：第一是不同的星星本身具有不同的发光能力，也就是说，它们本来就不一样亮；第二是星星与我们的距离不同，近的显得亮些，远的就显得暗些。即使两颗恒星的发光能力相同，但是与我们的距离不同，看起来也会亮暗互不相同。

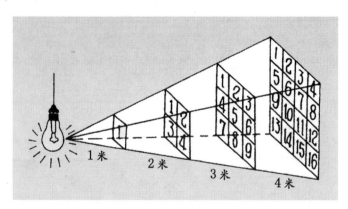

图 2-15　光源的视亮度与它到观察者的距离平方成反比。图中编号的每个小方块面积都相等，但一个小块离灯泡越远接收到的灯光就越少

　　上面谈到的恒星亮度是看起来的亮度，这叫作"视亮度"。代表视亮度的星等叫作"视星等"。一颗恒星本身的真实发光能力，叫作它的"光度"。光度是恒星最重要的物理特征之一。如果我们知道一颗恒星的距离，又测出了它的视亮度，那就不难推算出它的真实发光能力了。

　　太阳的视星等是 −26.7 等，天狼星的视星等是 −1.4 等，所以太阳的视亮度是天狼星的 130 亿倍。但是，另一方面，天狼星到地球的距离却比太阳到地球的距离远 55 万倍。那么请问,究竟是天狼星的发光能力强,还是太阳的发光能力强?

要回答这个问题,就应该把太阳和天狼星放在一样远的地方来进行比较。除了太阳以外,所有的恒星离我们都极其遥远。在天文学历史上最先测出距离的那颗恒星是天鹅座 61。它与我们的距离大约是 100 万亿千米。这是一个长达 15 位的数字!

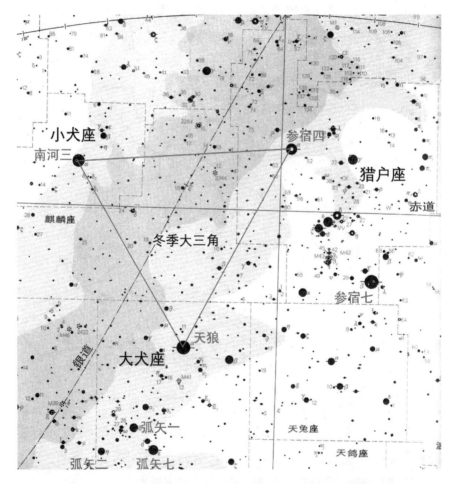

图 2-16 猎户座是冬夜星空中最美丽的星座,它的 7 颗亮星特别惹人注目。猎户座α(参宿四)、大犬座α(天狼星)和小犬座α(南河三)这 3 颗明亮的 1 等星构成一个很大的等边三角形,即著名的"冬季大三角"

光是天地间运动得最快的事物，它每秒钟可以前进 30 万千米。天鹅座 61 发出的光跑到我们这里，路上大约要花 11 年的时间。天文学家把光在一年之中走过的距离称为 1 光年，它大致等于 9.5 万亿千米。所以，天鹅座 61 和我们的距离就是 11 光年，这要比说"它离我们 100 万亿千米"方便得多。由此可见，用"光年"这把"尺子"来量度恒星之间的距离真是一种很聪明的办法。

天文学家设想，把所有的恒星统统"移到"一个"标准距离"——32.6 光年的远处，再来比较它们的亮度，确定它们的等级。这种等级就叫作"绝对星等"，它才真正表示恒星的实际发光能力。

这里顺便介绍一下，在天文学中还有一个距离单位叫作"秒差距"。1 秒差距等于 3.26 光年，上面所说的 32.6 光年，正好就是 10 秒差距。在本书后文中，还会多次出现秒差距这个名称。

太阳的绝对星等是 4.8 等，天狼星的绝对星等是 1.3 等，所以，大约 25 个太阳的发光能力才和一个天狼星相当。

今天在人们所知的恒星中，发光能力比天狼星更强的还多得很。例如，有一颗名叫 R76 的恒星，绝对星等是 −9.4 等，抵得上 48 万个太阳。要是把 R76 比作一只 1000 瓦的灯泡，那么太阳还比不上一根燃烧的火柴。

宇宙中也有许多很暗的恒星。有些星的光度只有太阳的 50 万分之一左右。如果把太阳比作 1000 瓦的灯泡，那么这些星星的亮度又远远比不上一根燃烧的火柴了。

观天巨眼

当我们想到巨大得不可思议的宇宙，并认识到从伽利略的望远镜开始，我们已从小于一粒微尘的地位上研究出了所有这一切的时候，我们便可以感到无比的骄傲与自豪。人的身体可能是微不足道的，但是他的观察和思维则是巨大的。实际上，思维是宏大的东西，它远比仅仅由有形物质构成的恒星伟大得多，我们没有任何理由仅仅因为周围一切无思维的东西尺寸巨大而感到羞愧不安。

——艾萨克·阿西莫夫:《洞察宇宙的眼睛》

图 3-1　欧洲天文学家设想的口径 100 米的巨型光学望远镜"猫头鹰"，其英文名缩写为 OWL，而英语 owl 一词的原意正是猫头鹰。右上角小图为该镜标识

天文观测三次飞跃

天文学的发展得助于观测工具的进步。对于天文学家来说,天文望远镜就是他们洞察宇宙的眼睛。

天文望远镜的基本性能有两项:一是聚光能力,二是分辨细节的本领。通常,望远镜的口径越大聚光能力就越强,分辨本领也越高,也就能观测到越暗的天体,并看清更多的细节。所以,为了揭示更深刻的宇宙之谜,人类必须建造越来越先进的天文望远镜。

在人类历史上,天文观测经历了三次伟大的变革。第一次变革是从肉眼观测到光学望远镜观测。1609 年,意大利科学家伽利略用他刚发明的天文望远镜观察天象,就是这次变革的起点。第二次变革是天文观测从可见光扩展到电磁波的其他波段,以美国工程师央斯基在 20 世纪 30 年代开启射电天文学为起点。第三次变革是从地面观测到人造卫星和宇宙飞船的空间天文观测,以及对太阳系天体进行实地或近距考察,20 世纪 50 年代空间时代的来临为之拉开了序幕。

图 3-2　天文望远镜的发明者、意大利科学家伽利略(1564—1642)正在进行观测

宇宙中大量天体发出的电磁辐射，主要在可见光及其临近波段（波长约 0.3 至 0.9 微米）。因此，与其他波段相比，光学天文学（即可见光天文学）在全部天文学中一直占据着主导地位。

折射望远镜

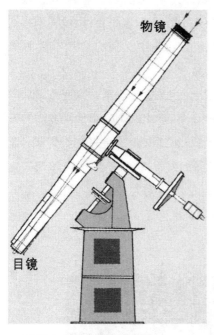

图 3-3　折射望远镜光路图

光线从真空或空气中倾斜地进入玻璃时，行进的方向就会改变，这就是光的折射现象。伽利略发明的是利用透镜成像的折射望远镜。人们不久就发现通过折射望远镜观看天体时，星像周围会出现一圈彩色的环边。它使观测目标变得模糊不清。伽利略和其他人都不明白它的起因，当时也无法消除它。

1666 年，24 岁的英国科学家艾萨克·牛顿用三棱镜分解太阳光，使他认识到白光其实是由不同颜色的光混合而成的。

玻璃对不同颜色的光具有不同的折射能力，这种情况叫作色散。红光的折射最少，所以它通过凸透镜后，聚焦在离透镜较远的地方；橙光的折射稍大于红光，所以它通过凸透镜后，聚焦在比红光离透镜略近一点的地方；黄、绿、蓝、紫光则依次聚焦得离透镜越来越近。

如果一架折射望远镜做得使红光的聚焦最好，那么光束到达红光的焦点时，其他颜色的光已经越过了自己的焦点，于是物像周围就出现一道稍带蓝色的环边；如果望远镜对紫光聚焦良好，那么在光线到达紫光的焦点时，其余颜色的光尚未到达自己的焦点，于是物像四周就出现一个稍带橙色的环边。无论你怎样调焦，都不能完全甩掉这种色环。

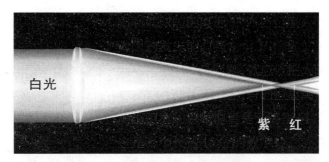

图 3-4　色差的起因。白光从左侧入射,红光折射最少,在离透镜较远处会聚到焦点;紫光折射最多,在离透镜较近处聚焦成像

　　然而,色环并不是不可战胜的。你可以用两种不同类型的玻璃来制造复合透镜:先用一块凸透镜使光线会聚,再用一块凹透镜使光线稍稍发散。光线通过这两块透镜后聚集到焦点——当然,由于后面那块凹透镜的作用,这时的光线将不如只通过头一块凸透镜时会聚得那么厉害。

　　现在让我们想象,用来制造后面那块凹透镜的那种玻璃,色散的本领比制造凸透镜的那种玻璃大。也就是说,它能使红光与紫光分得更开。于是,这块凹透镜发散光线的能力虽然不足以抵消前面那块凸透镜对光线的会聚,但是由于它的色散本领大,足以抵消凸透镜造成的各种颜色的分离。换句话说,用两种不同的玻璃制成的复合透镜有可能消除色差。

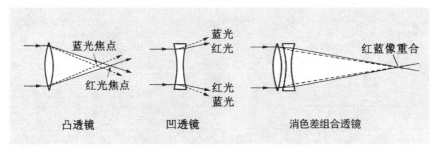

图 3-5　消色差组合透镜原理示意图

　　首先想到这一点的,是 18 世纪的英国律师兼数学家切斯特·穆尔·霍尔。但是,他既没有充分地应用自己的这一发明,也没有很好地宣传它。相

反,他还对自己的这一发明严格"保密"。

另一方面,有一位名叫约翰·多兰的光学仪器商后来也对此作了透彻的研究,并且获得了制造消色差透镜的专利。可是在他的报告里,只字未提霍尔在 20 年前已经做过几乎同样的工作。

人们通常将消色差的功劳归于约翰·多兰。也有人认为这似乎委屈了切斯特·穆尔·霍尔。不过,平心而论,多兰的实际贡献的确要比霍尔大得多。使一项很有创新精神的发明尽早尽善地投付使用、为人类造福,实在要比无谓的"保密"强得多。

消色差的成功,以及其他相关技术的不断进步,大大促进了折射望远镜的发展。到了 1888 年,美国的利克天文台建成了透镜直径达 91 厘米的大型折射望远镜。1897 年,美国叶凯士天文台又建成一架透镜口径达 1.02 米的折射望远镜。如今,它们依然是全世界折射望远镜中的冠军和亚军。

图 3-6　爱因斯坦参观叶凯士天文台时与该台人员在 1.02 米折射望远镜前合影

反射望远镜

在伽利略之后，牛顿发明了利用反射镜成像的反射望远镜。在 17 世纪、18 世纪、19 世纪，反射望远镜和折射望远镜的研制都取得了巨大进展。然而，由于巨型透镜极难制造，其自身的重量又足以导致显著的形变，兼之透镜会严重吸收某些颜色的光，所以折射望远镜渐渐地走到了路的尽头。

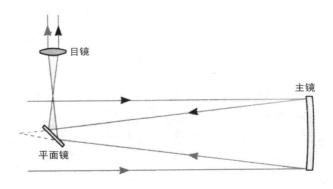

图 3-7　牛顿望远镜光路图。主镜用于成像，平面镜将光线方向改变 90°，以利使用者在镜筒外侧进行观测

反射望远镜却很有潜力。19 世纪中叶，人们开始在玻璃上镀金属膜，大大提高了镜面反射光线的能力。19 世纪后期，美国开始在制造天文望远镜方面独占鳌头，其中功绩居首者当推著名天体物理学家乔治·埃勒里·海尔。

海尔性格坚毅而又娴于辞令。他 20 多岁时发现金融家叶凯士以不甚正当的手段赚取了巨额钱财，便决心

图 3-8　美国天文学家乔治·埃勒里·海尔（1868—1938）

紧紧地"咬住"叶凯士,设法将这笔不义之财用于发展科学。海尔的不断游说使叶凯士一点一点地将资金投向了建造上一节中已提到的叶凯士天文台和望远镜,它们落成时海尔才29岁。

随后,海尔将目标转向了反射望远镜。他又说服洛杉矶商人胡克,为建造一架世界上最大的反射望远镜出资。胡克为了使这项"世界纪录"更加牢靠,甚至主动要求增加捐款,以便把望远镜做得更大。1918年,海尔主持建造的"胡克望远镜"在加利福尼亚州的威尔逊山天文台正式启用,其口径为2.54米(整整100英寸)。它重达90吨,操作却相当方便,而且能以很高的精度跟踪被观测的目标。长达30年之久,它始终保持着反射望远镜世界冠军的称号。

图3-9　美国威尔逊山天文台口径2.54米的胡克望远镜

1923年,海尔因健康状况不佳而退休。但是,远大的抱负使他挑起了远远超乎常人的重担。他决定再建一个天文台——著名的帕洛玛山天文台,和一架口径达5.08米(整整200英寸)的反射望远镜。1929年,他从

图 3-10　美国帕洛玛山天文台口径 5.08 米的海尔望远镜

洛克菲勒基金会获得资助，工程开始启动。人们为此作出了史诗般的努力，玻璃毛坯在严格的温度控制下用了 10 个月才均匀地冷却下来；附近一条河流泛滥，镜坯"死里逃生"，后来又经历了一次地震考验；它从纽约的玻璃厂运到加利福尼亚的帕洛玛山要横越整个美国，为了安全起见，火车走一条专线，昼行夜宿，时速从不超过 40 千米；在加工中，研磨和抛光镜面用了 31 吨磨料，磨下来的玻璃重达 5 吨以上；直径 5.08 米的反射镜成型时自重就达 14.5 吨，望远镜的镜筒重 140 吨，整个望远镜的可转动部分竟重达 530 吨！

1948 年 6 月 3 日，这架望远镜在帕洛玛山天文台落成。那时海尔已经去世 10 年。为了纪念他，这架望远镜被命名为"海尔望远镜"。

折反射望远镜

大型反射望远镜固然是当代天文学中不可或缺的利器,然而大也有大的难处。通常望远镜的口径越大,其成像质量良好的"有效视场"就越小,因而每一次观测所及的天空范围也就越有限。现代巨型反射望远镜的视场通常都小于 1 平方度(整个天空总共为 4 万余平方度)。这对需要"巡视"广大天空区域的天文工作而言,实在是一个很大的弱点。

能否造出一种视场比同样口径的反射望远镜大得多的新型天文望远镜呢? 早在 20 世纪 30 年代,俄裔德国光学家伯恩哈德·施密特就朝这个方向迈出了第一步。那就是所谓的"施密特望远镜"。

光线如果以较大的角度投射到反射望远镜的镜面上,所成的星像就会有明显的缺陷,这严重地限制了大型反射望远镜的有效视场。为了克服这一缺点,施密特于 1930 年研制成功第一架"折反射望远镜":在作为主镜的球面反射镜的球心处加上一块形状特殊的"改正透镜"。光线经它们折射和反射后,所成星像的缺陷大为减小,从而使望远镜的有效视场增大很多。世界上最大的施密特望远镜在德国的陶登堡天文台,其改正透镜和主镜口径分别为 1.34 米和 2.03 米。

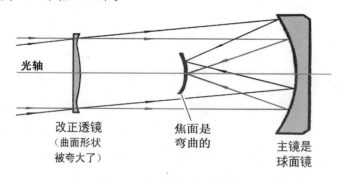

光轴

改正透镜
(曲面形状
被夸大了)

焦面是
弯曲的

主镜是
球面镜

图 3-11　一种折反射望远镜的光路图

施密特望远镜宽阔的视场使它在"巡天"工作中起到了无可替代的巨大作用。天文学上的"普遍巡天",相当于对天体进行"户口普查"。它为大量天文研究工作提供最基本的素材。例如，美国的帕洛玛山天文台，以及位于澳大利亚库纳巴拉班附近的赛丁泉天文台各用一架 1.22 米的施密特望远镜进行普遍巡天，记录了全天约 10 亿个天体的位置、形状等信息。正如普查人口之后，就可以根据不同的特征——不同性别、不同民族、不同年龄等，对"人"进行分门别类的统计性研究那样，对天体进行"户口普查"之后也可以根据不同的特征——不同亮度、不同距离、不同光谱类型等，对它们进行分门别类的统计性研究。

图 3-12　坐落在澳大利亚赛丁泉天文台的联合王国施密特望远镜观测室圆顶和建筑物外观

由于传统的施密特望远镜使用了"改正透镜"，所以它也像折射望远镜那样不可能做得太大。那么，能不能用一块"改正反射镜"来代替"改正透镜"呢？

如何研制"反射式施密特望远镜"，是国际天文界共同关心的问题。只有做到这一点，才有可能将整个望远镜的口径和视场同时做得很大。20 世纪 90 年代，我国天文学家在老一辈学科带头人、中国科学院院士王绶琯率领下，开始研制"大天区面积多目标光纤光谱天文望远镜"（英文缩写为 LAMOST），这就是一个良好的开端。

图3-13　2002年9月王绶琯院士在"中国科学院上海天文台成立40周年暨建台130周年庆典"上致辞。前排左起依次为严隽琪、王绶琯、沈文庆和赵君亮

　　2008年，LAMOST完成建设。它的成功，标志着反射式施密特望远镜开始从梦想成为现实。2012年，LAMOST冠名为"郭守敬望远镜"，以示对我国古代杰出天文学家和水利专家郭守敬的崇敬和纪念。

图3-14　中国科学院国家天文台兴隆观测基地外景。郭守敬望远镜（即LAMOST）就安装在画面中部偏左的建筑物里，楼高接近60米

当代巨型望远镜

　　海尔望远镜问世后,不少科学家曾认为,材料、设计、工艺、结构等多方面的重重困难,似乎已经使制造更大的望远镜成了镜花水月。例如,制造大块光学玻璃本身就是一大难题,而且它只要有极微小(例如温度变化所致)的变形就会使星像变得模糊,从而使望远镜的威力大大降低。1976年,苏联建成一架口径6米的反射望远镜,可惜其性能并非尽如人意。

　　然而,天文望远镜的前景依然光明。解决问题的关键在于设计思想的革命,计算机技术的迅速发展促成了这种革新的实现。20世纪70年代以来人们开始设想,既然做大镜子如此困难,那么能不能先做许多小的,再把它们联合成一个大的呢?

　　将许许多多较小的镜子实实在在地一块一块拼接成一个整体,这项工作极为精细,也非常困难。但是,依仗计算机的帮助,人们终于使它成了现实。这就是很先进的"拼接镜面"技术。例如,郭守敬望远镜(LAMOST)的反射施密特改正镜就是用24块1.1米的六角形子镜拼接成的,其球面主镜则由37块1.1米的六角形子镜拼接而成。

图3-15　郭守敬望远镜(LAMOST)的球面主镜。它由37块1.1米的六角形子镜拼接而成

那么，镜面变形又怎么办呢？科学家们很清楚，要使巨大的镜面绝对不变形是办不到的。但是，人们可以在反射镜的背面装上一系列传感器，凭借电子计算机的帮助，对镜面形状进行实时监测。这样就能随时对镜面变形了如指掌，并由计算机作出相应的实时处理，在镜面背后的不同部位施加适当的压力或拉力，从而把畸变了的镜面形状立即纠正过来。这种新技术叫作"主动光学"。郭守敬望远镜成功地应用了主动光学，这一技术的发明人 R·威尔逊评价道，这不但是中国科技的胜利，亦将是整个国际天文界的胜利。

20 世纪 80 年代后期以来，人们利用拼接镜面、主动光学以及另一项重要的新技术"自适应光学"，建造成功许多巨大的光学望远镜。20 世纪 90 年代，美国先后建成两架口径相同的 10 米望远镜"凯克Ⅰ"和"凯克Ⅱ"，它们的主镜各由 36 块 1.8 米的反射镜拼合而成。许多西欧国家联建的欧洲南方天文台的"甚大望远镜"由 4 架口径 8.2 米的望远镜组成，其聚光能力与一架口径 16 米的反射望远镜相当。

图 3-16　20 世纪 90 年代建成的两架凯克望远镜耸立在夏威夷海拔 4200 米的莫纳克亚山颠

图 3-17　甚大望远镜(简称 VLT)由 4 架口径 8.2 米的反射望远镜组成

　　到了 21 世纪,不仅又有一批口径 8 米至 10 米级的望远镜相继建成,而且以美国和加拿大为主的多国(包括中国、日本、印度等)合作研制的"三十米望远镜"(简称TMT)也于 2014 年 10 月在夏威夷的莫纳克亚山顶附近举行开工典礼,其主镜由 492 块 1.4 米的六角形子镜拼接组成。不料在 2015 年 4 月,夏威夷原住民却展开了激烈反对该项目的活动。反对者认为莫纳克亚山是他们的圣山,建设望远镜是对圣山的亵渎,而且会污染山顶。同年 12 月,美国夏威夷州最高法院宣布撤销原先于 2011 年颁发的望远镜建造许可,其依据是:这项许可颁发过早,未能给抗议者们足够的机会表达诉求。直到 2017 年 9 月 28 日,夏威夷州土地和自然资源理事会才授予 TMT 新的施工许可。于是计划复活,预期 21 世纪 20 年代中后期竣工。根据合作方案,中方的贡献将不低于 10%(约人民币 11 亿元,其中 70% 为实物)。三十米望远镜一旦建成,中国将能获得与实际贡献成比例的观测时间。

图 3-18　2007 年发布的三十米望远镜（TMT）效果图

月基望远镜

上述所有的望远镜威力都受到地球大气层的制约。地球大气的吸收使来自天体的各种波段的辐射各有不同程度的衰减，有些辐射甚至完全被吸收。只有可见光、射电波和一小部分红外光能抵达地面而被探测到。即使对可见光而言，由于大气的折射、散射和抖动的影响，也会使望远镜所成的星像变得模糊不清。

空间望远镜在很大程度上使天文观测摆脱了地球大气的羁绊。然而，这类设备造价很高，许多技术问题也有待进一步解决，因而其应用还有很大的局限性。这种进退维谷的境地促使人们认真思索：怎样才能为天文望远镜找到一个更好的落脚点？

20 世纪 80 年代以来，天文学家逐渐意识到月球乃是令人向往的天文望远镜之"家"。以月球为基地的望远镜称为"月基望远镜"，它的优越性在于——

月球表面处于超真空状态，那里没有大气的干扰。

　　月球亦如地球一般,乃是一个巨大、稳定、极其坚固的天文望远镜"观测平台",因而可以采用类似于在地球上的方式解决月基望远镜的安装、指向和跟踪等问题。这要比处于失重状态下的空间望远镜简单得多,造价也更便宜。

　　月面重力仅为地面重力的 1/6,而且月球上绝对无风,因此建造任何巨型设备——包括巨型望远镜本体及其观测室,都将比在地球上建造更方便。

　　月球上的月震活动强度仅为地球上地震活动的亿分之一,所以那里十分安全,特别适宜于建造基线长达几十千米甚至几百千米的高分辨率的光学、红外和射电干涉仪。

　　与空间望远镜相比,月基望远镜同样可以由留在地球上的天文学家遥控观测,同时又便于技术人员在现场解决问题。因此,它的尺寸可以造得比空间望远镜更大,功能也更齐全。

　　下图所示,是一架天线口径达 305 米的巨型射电望远镜。它坐落在加勒比海波多黎各岛上的阿雷西博天文台,那里圆形山谷的天然地势恰好成为它的依托。月球上有为数极多大小各异的环形山,它们的形状相当接近圆形,兼之全无风化作用,因而十分适宜安装直径大到几千米的巨型射电望远镜。

图 3-19　口径 305 米的阿雷西博射电望远镜。其所在山谷的天然地形正好适合支撑它那庞大的身躯

地球每 24 小时自转一周,造成了天体的东升西落,因而通常很难长时间地跟踪观测同一个天体。月球大约每 27 天才自转一周, 所以月球上每个白昼或黑夜差不多都有地球上的 2 个星期那么长,因而可以持续跟踪被观测目标达 300 余小时之久。

月球的距离虽然比近地人造卫星远上千倍,但抵达月球所需的能量仅为发射近地人造卫星的区区几倍而已。将天文望远镜送往月球并不比发射天文卫星难很多,而月基望远镜可能取得的天文效益却远非天文卫星所能比拟。

月基望远镜的优越性远不止于此。那么,怎样才能实现这项宏伟的计划呢? 人们有两种不同的意见。一种意见是被动的“搭载”:人类大规模地开发月球已经势在必行,届时天文仪器可以和天文学家一同作为频繁的奔月飞行的“乘客”,逐渐送往月球基地。

另一种意见是主动的“促进”:天文学为人类文明作出了有目共睹的巨大贡献,而许多重大的天文学问题又必须由月球上的天文仪器来探索和回答。天文学家是大规模开发月球的生力军,因此在开发月球的总体计划中,建造月基天文台就应该占有重要的一席。

图 3-20　一架月基望远镜的艺术构想图

不管怎么说吧,21 世纪将是月基天文台从畅想变成现实的时代。到那时,利用月基望远镜探索宇宙奥秘的天文学家中,也许就有你的孩子,或是他们的子女。

波段的拓宽

"尔时大王，即唤众盲各各问言：'汝见象耶？'众盲各言：'我已得见。'王曰：'象为何类？'其触牙者即言象形如芦菔根，其触耳者言象如箕，其触头者言象如石，其触鼻者言象如杵，其触脚者言象如木臼，其触脊者言象如床，其触腹者言象如瓮，其触尾者言象如绳。" ✦

图 4-1　2012 年 10 月 28 日，中国科学院上海天文台的 65 米射电望远镜举行落成典礼。2013 年 12 月，此镜正式命名为"天马望远镜"

✦ 这个故事见于《大般涅槃经》三二。后来"盲人摸象"这个成语常被用于比喻对事物只凭片面的认识和了解就妄加猜测，以偏概全。

大气"窗口"

肉眼观天,只能看到来自天体的可见光。光学天文望远镜可以使我们看见更远更暗的天体,但它依然只能接收可见光。可见光是一种电磁辐射,无线电波是又一种电磁辐射。接收天体发来的电磁辐射,正是人类获得天体信息的主要渠道。在天文学中,通常按波长由短到长(相应地,频率由高而低)将电磁辐射区分为γ射线、X射线、紫外线、可见光、红外线以及射电波共6大波段。

地球大气会吸收、反射和散射来自天体的电磁辐射,致使大部分波段中的天体辐射无法到达地面。人们常把天体辐射能够穿透大气层而抵达地面的波段范围形象地称为"大气窗口"。这种"窗口"主要有三个。第一个是"光学窗口",即可见光和一小部分近紫外波段,波长范围约0.3微米至0.7微米。第二个是"红外窗口",波长范围约为0.7微米至1毫米。因为大气中不同种类的分子吸收的红外辐射并不一样,所以红外窗口实际上由许多互相隔开的"小窗口"构成。天文研究中常涉及的红外小窗口有7个,以波长递增为序,分别称为J、H、K、L、M、N和Q。第三个是"射电窗口"。地

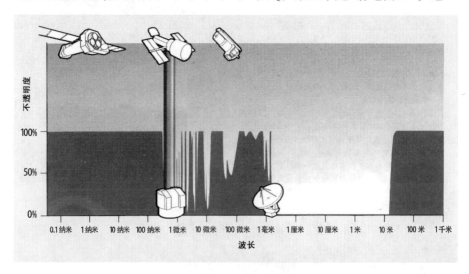

图4-2　电磁波谱和大气窗口

球大气在射电波段(波长长于 1 毫米)也有少量吸收带,但对波长长于 13.5 毫米的射电辐射渐趋透明,而对波长 40 毫米到 30 米的宽阔波段则几乎完全透明。通常,射电波段即指从 1 毫米到 30 米的波长范围。

空间天文观测摆脱了地球大气层的桎梏,在各个波段都取得了极丰富的观测资料。这样,在 20 世纪后期,天文学就跨入了在整个电磁波的所有波段上观测研究天体的新时代,即"全波段天文学"的时代。

从可见光到无线电波

可见光天文学简称"光学天文学"。射电天文学诞生以前的一切天文成就都应归功于光学天文学。光学天文学的发展主要有这样几个阶段:古代的肉眼观天时期,光学天文望远镜发明后的时期,19 世纪开创天体光谱研究的时期,以及 20 世纪后期空间光学天文诞生和发展的时期。

古人探索行星运动,近代建立太阳系图景,考察银河系结构,打开星系世界的大门,乃至奠定观测宇宙学的基础,都是光学天文学的功绩,或者是由光学天文学开辟道路,再由其他波段后续支持取得的成果。直到今天,光学天文学在整个天文学中依然占据着主导地位。

然而,光学波段毕竟只占整个电磁波谱的极小一部分。仅由光学观测来推断天体的性质和演化规律,必然会带有片面性。20 世纪 30 年代射电天文学的诞生,使人类逐渐摆脱了上述窘境。

1931 年至 1932 年,美国无线电工程师卡尔·央斯基在研究短波无线电长途通讯的干扰时,偶尔发现了来自银河系中心方向的无线电

图 4-3　美国无线电工程师卡尔·央斯基(1905—1950)

波。人们通常将此作为射电天文学诞生的标志。第二次世界大战期间发明了雷达,为侦察敌机立下了不朽功勋。微波技术由于与雷达密切相关而迅速发展,这为战后射电天文学的突飞猛进打下了良好的基础。射电望远镜往往能观测到在可见光波段见不到的现象,而且除波长最短的射电波外,射电望远镜可以不受昼夜阴晴的限制,进行全天候的观测。

　　射电望远镜中直接用于接收天体射电辐射的是它的天线,其功能犹如光学望远镜中的主镜。大型射电望远镜的天线主要有两种形式:固定式的和全可动的。前面提到的口径 305 米的阿雷西博射电望远镜,曾经是固定式单天线射电望远镜的代表。不过,它的这项世界纪录已经被打破了。固定式单天线射电望远镜的下一位世界冠军属于中国,它就是坐落在贵州省平塘县一个大"天坑"中的 500 米口径球面射电望远镜(简称FAST),其接收天线面积有 30 个足球场那么大!整个工程由中国科学院国家天文台主持,这只硕大无朋的"中国天眼"——国人喜欢如此爱称FAST——于 2016 年竣工后,将在未来二三十年中保持世界一流天文设备的地位。

图 4-4　FAST 台址在贵州省黔南布依族苗族自治州平塘县克度镇绿水村的大窝凼洼地。图为 2013 年合拢后的 FAST 工程圈梁

图 4-5　美国格林班克射电天文台的 100 米口径射电望远镜（简称 GBT）

　　目前世界上最大的全可动单天线射电望远镜,是美国格林班克射电天文台的 100 米×110 米口径射电望远镜,它的天线截面不是一个直径 100 米的正圆,而是在一个方向上稍长些,为 110 米。但人们为了方便,也常称它为格林班克 100 米口径射电望远镜。

　　2012 年 10 月,曾任国际天文学联合会副主席的我国著名天文学家、中国科学院院士叶叔华创导建造的口径 65 米射电望远镜落成。它的总体性能在同类型望远镜中位居全球第四,亚洲第一。它的天线面积有 9 个标准篮球场那么大,由 1008 块高精度实面板拼装而成,每块面板单元的精度高达 0.1 毫米。整个望远镜可以灵活转动、全方位地跟踪所观测的天体。2013 年 12 月 2 日,遵循国际上以所在地名命名望远镜的惯例,上海 65 米射电望远镜以佘山九峰十二山中海拔最高的天马山命名为“天马望远镜”。

　　20 世纪 90 年代,射电望远镜的技术水平达到了前所未有的新高度。例

图4-6　中国科学院资深院士、著名天文学家叶叔华教授，时年87岁（2014年）

如，美国的甚长基线阵（简称VLBA），是进行"甚长基线干涉观测"（简称VLBI观测）的射电望远镜阵列。它由10台口径均为25米的射电望远镜组成，10台望远镜彼此间的距离——也就是基线，最大跨度超过8000千米，其中最西侧的一台位于夏威夷的莫纳克亚山，最东边的一台在加勒比海中的维尔京岛上。基线越长，整个望远镜阵列分辨细节的能力就越强。

VLBA在3.5毫米的观测波长上分辨率高达万分之几角秒，远远超过了当今最大的光学望远镜的分辨本领！

欧洲甚长基线干涉网（简称EVN），是多国射电望远镜联合进行甚长基线干涉测量的结合体。中国科学院上海天文台口径25米和65米的射电望远镜，以及地处乌鲁木齐的新疆天文台25米射电望远镜，都是此网的正式成员。这种大联合，将起到任何一架单独的望远镜都不能企及的作用。

与此同时，我国还有自己的VLBI网。2007年10月，我国的"嫦娥一号"探月卫星顺利奔赴月球，中国VLBI测轨网为完成精确测轨任务做出了重要贡献。从这里的示意图可以了解当时此测轨网4个观测站点的位置、所配备的射电望远镜口径，以及测轨网各站点之间的基线长度。

2013年12月14日21时11分，我国的"嫦娥三号"月球探测器携带"玉兔号"月球车在月球正面虹湾以东地区软着陆，成为世界上第三个自主实施月球软着陆和月面巡视探测的国家。中国VLBI网再次为"嫦娥三号"月球探测器的测轨、定轨和定位发挥了重要作用。由于新建的佳木斯深空站、喀什深空站，以及上海65米天马望远镜投入使用，"嫦娥三号"的测轨定轨精度比"嫦娥一号"和"嫦娥二号"有了很大提高，这对我国后续的月球探测和火星探测都很有参考价值。

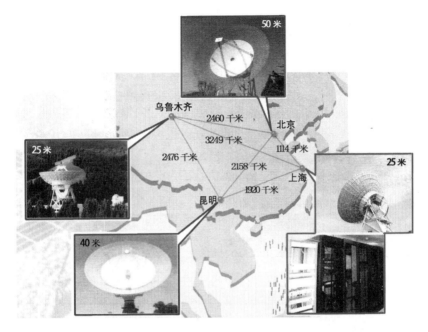

图4-7　承担嫦娥一期工程测轨任务的中国VLBI测轨网4个观测站点和相应基线长度示意图

空间时代的机遇

20世纪中叶空间时代的到来,为天文观测提供了前所未有的新机遇。

这种机遇表现在两大方面。一方面,它使人类破天荒第一次有可能直接向地球以外的天体发射探测器,去进行近距离或实地的考察。迄今为止,太阳系的八大行星均已有人类发射的探测器前往,向地球发回了大量图像和数据信息;某些卫星、彗星、小行星也已用类似的方式进行探测。尤其值得一提的是,早在20世纪60年代与70年代之交,已先后有6批12名宇航员登上月球,在那里安置仪器,进行实验,并将采集到的月球岩石和土壤样品安全带回地球。

空间时代为天文观测提供的另一种机遇,是将各种望远镜或天文台送上天。即使对于可见光波段,这也具有巨大的意义。在地面上,由于受到大气的干扰,单独一架光学望远镜的角分辨率能达到1″就相当不错了。在地球大气层外,则完全可能达到0.1″的角分辨率。对于许多长期悬而未决

图4-8 "卡西尼号"探测器拍摄的土星光环

的天体物理问题而言,高分辨率乃是寻求答案之关键。

1990年4月24日,美国将著名的哈勃空间望远镜(简称HST)送入太空轨道。这架光学望远镜以"星系天文学之父"、现代观测宇宙学的奠基者美国天文学家爱德温·鲍威尔·哈勃的名字命名,主镜口径2.4米,总重量为11.6吨,轨道高度约600千米,环绕地球运行的周期约为96分钟。

哈勃空间望远镜的主要技术指标,在20世纪70年代就已经确定。为了研制顺利,美国专门建立了一个空间望远镜研究所。整个研制过程先后有上万人参与,耗资数十亿美元。它取得的全部观测资料,对整个国际天文学界产生了显著的影响。

图4-9 为研制哈勃空间望远镜而成立的空间望远镜研究所坐落在美国马里兰州巴尔的摩市

　　在研制哈勃空间望远镜的过程中，曾非常意外地犯了一个低级错误，结果望远镜上天进行观测时才发现光学系统聚焦不良。为此，美国国家航空航天局又于 1993 年 12 月 2 日用"奋进号"航天飞机载着 7 名宇航员和 8 吨器材，前往太空对哈勃空间望远镜进行首次维修。他们给这架望远镜装上一个矫正透镜——其作用有如给人配上一副眼镜，并更换和增添了另一些部件。

图 4-10　1993 年 12 月美国宇航员乘坐"奋进号"航天飞机进入太空对哈勃空间望远镜进行首次维修

　　望远镜修复后拍摄的天体照片质量极佳。美国国家航空航天局的主管人士韦勒说，哈勃空间望远镜"修得比我们最大胆的梦想还要好"。这一壮举不但修好了望远镜本身，而且显示出人在太空中从事高难度操作的能力，为日后建造空间站积累了丰富的经验。

　　哈勃空间望远镜后来的几次维修也都很成功。但是，它毕竟已经超期服役了。因此，天文学家需要研制一种比它更大又便宜得多的"下一代空间望远镜"。目前，哈勃空间望远镜的"接班人"詹姆斯·韦布空间望远镜已经蓄势待发。它的主镜是口径 6.5 米的拼接镜面，灵敏度将为哈勃空间望远镜的 7 倍，主要将在红外波段工作。

　　哈勃空间望远镜的角分辨率达到 0.1″。如果我们把一只圆蛋糕一角一角地越分越小，均等地平分给整个北京市的人，那么每人分到的那一小块蛋糕的尖角，大小差不多就是 0.1″。这已是目前除射电波段外，其他所有波段所达到的最高角分辨率。另一方面，在射电波段却找到了突破角分辨率极限的方法，即前文已经提及的甚长基线干涉观测，或称甚长基线干涉测量。参与干涉测量的各个射电望远镜之间的基线距离越长，就有可能获得越高的角分辨率。目前在 1.3 厘米波段构成的全球网，基线长度几乎

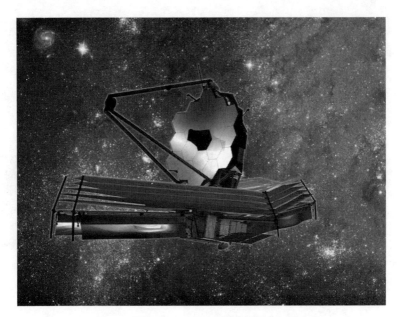

图 4-11　詹姆斯·韦布空间望远镜艺术构想图

相当于整个地球的直径,它的角分辨率已高达 0.00025 角秒,相当于能在北京看清纽约商店里的项链上的一颗颗珍珠!

为了实现更高的分辨率,应该把参与甚长基线干涉测量的一部分射电望远镜送上太空,从而进一步增加基线的长度。例如,1997 年 2 月,以日本为主体的多国合作项目"甚长基线干涉仪空间天文台计划"(简称 VSOP)将一台天线口径 8 米、最高工作频率 22 吉赫(即 2.2×10^{10} 赫,相应波长为 1.3 厘米)的射电望远镜送入空间轨道,其远地点高度为 21 000 千米,近地点高度为 560 千米。它与地面射电望远镜一起组成的 VLBI 观测网,分辨率可达 60 微角秒(即 0.000 06″),是当今空间分辨率最高的天文望远镜。下一代空间 VLBI 会把一台口径 10 米的射电望远镜送入太空环绕地球运行,整个观测网的角分辨率将会进一步大幅提高。

对处于大气窗口外的波段而言,欲取得相应的天文观测资料,那就更是非空间设备莫属了。下面依次介绍红外、紫外、X 射线和 γ 射线波段的情况。

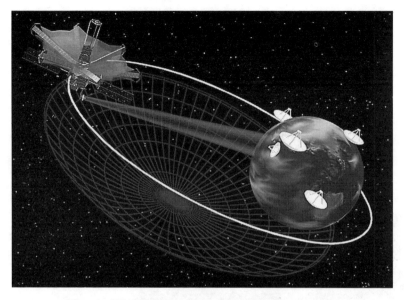

图 4-12　甚长基线干涉仪空间天文台计划（VSOP）示意图

红外和紫外天文学

在历史上，首先发现红外辐射的是著名英国天文学家威廉·赫歇尔。1800年，他将温度计放在太阳光谱红端外侧，发现那儿虽然没有任何可以看见的光，温度却相当高。这种处于红光外侧的不可见的光线就是红外线。

由于技术上的局限，在长达一个多世纪的时间中，红外天文学始终进展甚微。1965年，美国加州理工学院的几位天文学家用一架简易的地面红外望远镜，发现了美籍华人天文学家黄授书在4年前预言存在的红外星，这是现代红外天文学的重要里程碑。由于仪器本

图 4-13　英国天文学家威廉·赫歇尔（1738—1822）

身和周围环境在常温下发出的红外辐射相当强,所以必须将望远镜的某些部件和探测器致冷降温,使它们自身的红外辐射大大减弱,而不至于淹没来自天体的红外辐射。

1983 年,美国、荷兰和法国联合研制的"红外天文卫星"(简称 IRAS)发射上天,它总共发现了将近 25 万个红外源。1997 年哈勃空间望远镜第二次维修时,装上了新研制的近红外照相机,可以在近红外波段进行与可见光相似的成像观测。由此不仅可以摆脱大气层的影响,而且能充分利用哈勃空间望远镜主镜镜面较大的优势,获得尽可能高的灵敏度和角分辨率。

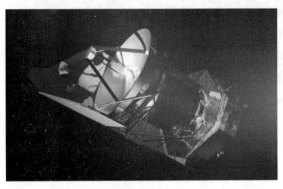

图 4-14　2009 年 5 月发射升空的"赫歇尔红外空间望远镜"

2003 年,美国发射了"斯皮策红外空间望远镜"(简称 SIRTF),其独特的轨道使它可以"躲"在地球的影子里免遭太阳直接照射,在太空中保持尽可能低的温度。SIRTF 是迄今灵敏度最高的空间红外望远镜,它的主镜是一个直径 85 厘米的透镜。2009 年 5 月,欧洲空间局的"赫歇尔红外空间望远镜"(又称"赫歇尔空间天文台")发射成功。它是第一个对整个远红外波段和亚毫米波段进行观测的空间天文台,其望远镜的口径为 3.5 米。

紫外辐射最初是德国物理学家里特尔于 1801 年发现的。其波长范围约在 0.01 微米到 0.4 微米之间。来自天体的紫外辐射大部分被地球大气中的臭氧层所阻挡,因此必须将紫外望远镜置于高空火箭或空间轨道上。例如,1978 年发射的"国际紫外探测器"(简称 IUE),由美国、英国和欧洲空间局三方管理。其望远镜口径虽然仅 45 厘米,却取得了非常丰硕的成果。

1992 年,美国发射了"极远紫外探测卫星"(简称 EUVE),主要任务是在先前尚未开发的极远紫外波段(波长约 8~80 纳米)进行巡天观测。1999 年又发射了"远紫外空间探测器"(简称 FUSE)。它有一套设备,光谱分辨率和灵敏度都非常高，在 8 年多的时间里观测的目标超过 3000 个，拍摄了 6000 多条光谱，有许多可贵的新发现。2003 年，美国又将一个名叫"星系演化探测器"（简称GALEX）的紫外空间望远镜送入环绕地球的轨道。其主要目的是探测跨越宇宙上百亿年历史的数百万个星系，以求更深入地了解恒星何时、以何种方式在星系中形成等问题。它出色地履行了自己的

图 4-15　"星系演化探测器"（GALEX）艺术形象图

职责，于 2013 年 6 月接受运转中心的指令而关机。

为填补未来若干年间紫外波段大型天文设备的空缺，俄罗斯一直在寻找国际合作伙伴，共同研制一个主镜直径为 1.7 米的"世界空间紫外天文台"（简称 WSO-UV），可望在 21 世纪 20 年代中后期发射上天。

图 4-16　世界空间紫外天文台（WSO-UV）的模型

X 射线和γ射线

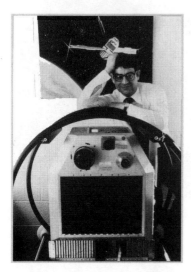

图 4-17　里卡尔多·贾科尼早年在"乌呼鲁"X射线天文卫星前留影。数十年后他因发现宇宙X射线方面的成就和导致X射线天文学的诞生而荣获 2002 年诺贝尔物理学奖

通常将波长从 1 皮米（1 皮米是千分之一纳米，即 10^{-12} 米）到 10 纳米的电磁辐射称为 X 射线，波长短于 1 皮米的则称为γ射线。来自天体的 X 射线和γ射线都必须在地球大气外才能观测到。

1962 年 6 月，意大利裔美国天文学家里卡尔多·贾科尼等首次成功地利用装在火箭上升空的仪器，检测到了来自天蝎座方向的一个强 X 射线源。翌年，一组美国天文学家又用火箭运载仪器扫视整个天空，发现了许多呈现 X 射线活动的天区。这就是 X 射线天文学的发端。1970 年 12 月，第一颗 X 射线天文卫星"乌呼鲁"上天。"乌呼鲁"这一名称来自非洲的斯瓦希里语，意为"自由"。

20 世纪 90 年代以来，一系列更先进的 X 射线卫星相继发射上天。其中以德国为主与美国和英国合作研制的"伦琴 X 射线天文台"（简称 ROSAT），于 1990 年送入空间轨道。1999 年 7 月，美国将迄 20 世纪末最重大的高能天体物理空间观测设备"钱德拉 X 射线天文台"（简称 CXO）送上空间轨道。钱德拉是印度裔美国天体物理学家、1983 年诺贝尔物理学奖得主钱德拉塞卡的昵称，此镜为纪念他而命名。钱德拉 X 射线天文台位于近地点 16000 千米、远地点 133000 千米的椭圆轨道上。它的主体是口径 1.2 米的掠射 X 射线望远镜，对 0.1—10 纳米的波长灵敏，空间分辨率高达 0.5″。钱德拉 X 射线天文台的谱分辨率非常高，标志着 X 射线天文学从测光时代进入了测谱时代，这在 X 射线天文学发展史上是一座重要的里程碑。

图 4-18　钱德拉 X 射线天文台（CXO）遨游太空艺术构想图

此外，欧洲空间局还有一个重点空间观测项目——"多镜面 X 射线望远镜"（简称 XMM），以及一系列规模较小的 X 射线空间探测计划。

γ射线天文学的起步比 X 射线天文学更晚，通常将 1972 年 11 月第一颗γ射线卫星 SAS-2 发射上天作为γ射线天文学的起点。1973 年，两位美国天文学家根据原本用于检测核武器试验的两颗卫星的探测结果，发现了宇宙γ射线暴。这是 20 世纪 70 年代天体物理学的重大发现。1975 年 8 月，欧洲空间局发射了"宇宙线卫星 B"（即 COS-B），获得了数以 10 万计的γ射线记录，发现了几十个宇宙γ射线源，其中有些已被证认为γ射线脉冲星、类星体或其他活动天体。

1991 年，美国将"康普顿γ射线天文台"（简称 CGRO）送入地球轨道。它为纪念美国物理学家康普顿而命名，康普顿因发现"康普顿效应"而荣获 1927 年诺贝尔物理学奖。该天文台重 17 吨，携带了 4 台在时间分辨率和空间分辨率上较前大有进步的设备，探测硕果累累，大幅提升了人类对宇宙高能物理过程的认识。2000 年 6 月，康普顿γ射线天文台因陀螺仪发生故障而按指令脱轨，以碎片再入大气层烧毁的方式结束了自己的历史使命。

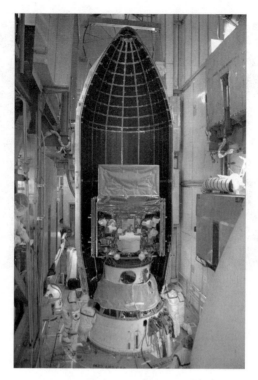

图 4-19　费米 γ 射线空间望远镜

　　同其他波段相比，γ射线天文学的发展仍处于比较初级的阶段，各国天文学家正在努力使局面改观。新一代的γ射线望远镜，有以欧洲空间局为主、2002 年 10 月由俄罗斯的运载火箭送入太空的 "国际γ射线天体物理实验室"（简称INTEGRAL，其轨道远地点距离地球超过 50 万千米），有美国、德国、法国、意大利、日本、瑞典多国合作于 2008 年 6 月发射的 "费米 γ 射线空间望远镜"等。后者是一台地球低轨道空间望远镜，原名大面积 γ 射线空间望远镜（简称 GLAST），后重新命名以纪念高能物理学的先驱、意大利科学家恩里科·费米。

　　全波段天文学的兴起使人类对天体的认识更加全面，对许多天文现象的了解摆脱了 "瞎子摸象"似的片面性。随着高新技术的发展，各波段天文观测仪器的性能都在迅速地提高。对 21 世纪全波段天文学的展望，我们可以用八个字来概括：方兴未艾，前程似锦！

太阳家园

　　静居在宇宙中心处的是太阳。在这个最美丽的殿堂里，它能同时照耀一切，难道还有谁能把这盏明灯放到另一个、更好的位置上吗？……于是，太阳似乎是坐在王位上管辖着绕它运行的行星家族。

　　　　　　——哥白尼：《天体运行论》第一卷第十章"天球的顺序"

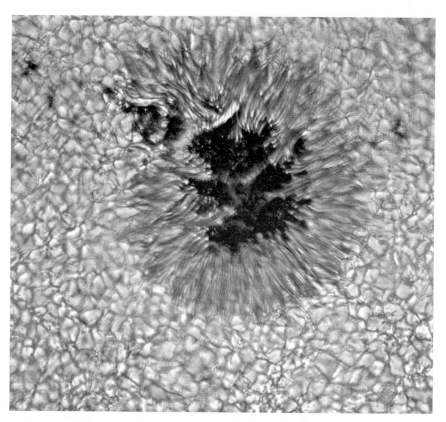

图 5-1　太阳大黑子特写镜头。太阳表面好像一锅沸腾的粥，有无数被称为"米粒"的热气体胞在猛烈翻滚。一个米粒的典型尺度约为 1000 千米

"日"趣

　　无论哪个民族,对于自己古老的神话传说莫不视若瑰宝。在那些神话传说中,融入了上古先民对大自然的敬畏和认识。在欧洲,星座与古希腊和古罗马神话之间惟妙惟肖的联系已如前述;在东方,从我国古代的神话传说中同样可以瞥见天文学萌芽的影子:创世、天地、日月、群星,以及牛郎织女和银河的故事等。

　　三国时代吴国人徐整记载了盘古开天辟地的神话。在他的作品《五运历年记》中记述了盘古化生万物的情景:"首生盘古,垂死化身。气成风云,声为雷霆,左眼为日,右眼为月……"太阳竟是盘古的左眼变化而成! 这种说法在科学上自然不足为信,但它体现了一种值得称道的思想:天地万物皆有其历史,它们并非从来如此、亘古不变。

　　太阳是与人类关系最密切的天体。因此,上古时代有不少神话与"日"相关。在《山海经》中有两段关于"夸父追日"的文字,是同一传说的稍有变异的记述。

图 5-2 《古本山海经图说》一书材料丰富,趣味盎然

　　《山海经·大荒北经》中说:大荒之中,有一座山名叫成都载天,山上有一个人名叫夸父,两耳各穿着一条黄蛇,双手又各握一条黄蛇。他想要追赶日影,想在太阳沉落的地方——禺谷逮住它。结果,夸父追得渴不可耐,饮黄河之水而犹感不足,又想到北方的大泽去喝水。但是还没走到,就在这儿死了。《山海经·海外北经》则说,夸父与日竞走,进入了日轮中,他喝了黄河和渭河的水仍觉得口渴,又北上饮大泽之水,还没有走到,就在途中渴死了。他抛弃的手杖,变成了一片邓林(桃林)。有人认为,夸父追的是日影,而古代天文学正是从

图 5-3　夸父两耳各穿着一条黄蛇,双手又各握一条黄蛇,因追日而渴死

测量日影开始的,追随太阳的运行,直至日落西山,从这层意义上看,夸父可以说是最早的天文学家。还有人认为,夸父临死前抛掉的手杖,变成一片鲜果累累的桃林,可为后来寻求光明的人解除口渴。这些想象,确实很有情趣。

古人看见太阳每天东升西落,自然会产生这样一些很朴素的问题:它每天从哪儿来,又到哪里去? 每天要行经多少路程?

《山海经·海外东经》说:东方的汤谷上有一棵树叫扶桑,在黑齿国的北方,竖立在海水中。它是十个太阳洗澡的地方,九个太阳住在它下面的树枝上,一个太阳在上面的枝条上栖居。《山海经·大荒东经》中又说,汤谷上有棵扶桑树,"一日方至,一日方出"。十个太阳在轮流"值班",一个太阳回来了,另一个太阳才出去。你看,天体的运行竟然如此地有条不紊。

"十个太阳"是从哪里来的?《山海经·大荒南经》中说,"东海之外,甘水之间,有羲和之国。有女子名曰羲和,方浴日于甘渊。羲和者,帝俊之妻,是生十日。"其中,"方浴日于甘渊"的意思是"正在甘渊给新生的太阳洗澡"。十个太阳的说法,也许与"天干"的起源有关:第一个太阳值班是"甲日",第二个太阳值班是"乙日",依次类推,直至第十个太阳值班是"癸日",十天构成一旬。接着又是下一旬的"甲日""乙日",如此往复,以至无穷。

太阳的光和热,是万物得以生长的源泉。但是,倘若十个太阳一起施展威力的话,却会酿成无与伦比的灾难。这在《淮南子·本经训》中讲得很生动:"尧之时,十日并出,焦禾稼,杀草木,而民无所食。"此外还有许多猛禽怪兽危害人民。羿受尧的派遣杀死了那些怪兽,又射下九个太阳,于是"万民皆喜"。

十日并出的神话,有人认为是天干记日法搞乱了,日期失去秩序,百姓无所适从,因而需要帝王派遣得力人手重新作出安排。看来,羿算是很好地完成了任务。

谁也不会否认,从地球上看去,太阳是最明亮、最壮丽、最辉煌的天体。1957 年 9 月,北京天文馆建成,诗人郭沫若曾满怀激情地为之题词:

　　　　太阳,宇宙发展的形象,
　　　　新中国发展的形象,
　　　　科学事业发展的形象,
　　　　热火冲天,能量无穷,光芒万丈。

那么,太阳上究竟是什么样的呢?

图 5-4　郭沫若为北京天文馆建成题词

太阳壮观

太阳宛如一个以固定的速率燃烧的球体,始终是那样光辉灿烂,给大地以光明,给人间以温暖。因此,人们总说太阳是一颗稳定的恒星。

我们平时所见发出强烈光芒的太阳表面叫作光球层,它的厚度约为500千米。光球层之下是对流层,我们无法直接看到它,但是根据光球层的现象可以推断对流层中有无数巨大的气团在上下翻腾。光球层上方是色球层,它的厚度大致为1500千米。色球层中的物质非常稀薄,发出的光远不如光球层那么强,因此我们平时看不到它。日全食时月球挡住了太阳的光球层,人们便可以目睹太阳边缘那一圈粉红色的色球层了。

整个色球层宛如一片燃烧的火海,那儿不时有玫瑰色的火舌升腾而起,它们称为日珥,有些日珥上升的高度可达数十万甚至上百万千米。色球层上方是色球日冕过渡区,再往上就是太阳的最外层大气——日冕。日冕延伸得很广,它的银白色光辉十分动人,可惜它比色球层还要暗弱得多,因此通常只有在日全食时才能一睹它的风采。

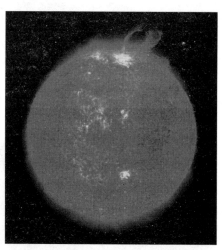

图5-5 带有一个大日珥(顶部略偏右)的太阳色球像

然而,就在这貌似宁静的太阳上,经常会发生一些存在时间较短的"事件",揭示了太阳其实并不平静。天文学家称这类事件为"太阳活动",太阳活动的形式和内容都十分丰富,其中最为显要而又长寿的就是太阳黑子。

太阳表面的温度约为5500℃,黑子的温度则要低1000℃左右,因而显得暗一些。其实,黑子本身还是很亮的,即使整个太阳表面全部布满黑子,它的亮度也还有目前太阳亮度的1/3左右。黑子经常成群出现,被称为黑

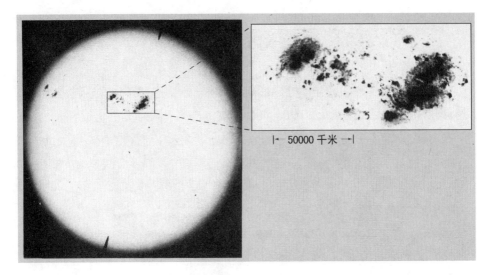

图 5-6　一个跨度超过 150000 千米的巨大黑子群

子群。日面上黑子群的多寡,每个群内黑子的分布情况以及结构的复杂程度,直接反映了太阳活动的水平。

　　在黑子附近经常可以看见一些比周围环境更亮的斑块,它们叫作光斑。黑子和光斑都是光球层中的现象。在色球层中,也有一些较亮的区域,

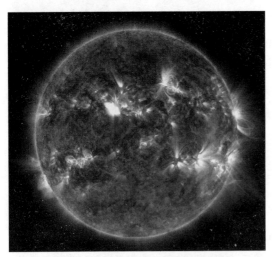

图 5-7　画面中央偏左上方特别明亮的区域,正在经历一次猛烈的太阳耀斑爆发

被称为谱斑,它们的形态酷似光斑,位置也和光斑相符。显然,它们之间必然具有某种实质性的联系。磁场便是这种联系的纽带。谱斑区经常会发生突然的增亮,这就是著名的耀斑现象。大多数耀斑均发生于黑子群上空及其附近,它们是太阳大气中猛烈的爆发性能量释放过程。一个大耀斑在几

分钟到一二小时之中,往往就释放出相当于上百亿颗百万吨级氢弹的能量。

那么,太阳的能量是从哪里来的呢? 假定太阳完全由碳和氧组成,按它目前的发光速率继续燃烧,那么这堆巨大的混合物只消几千年就会焚烧殆尽。然而,太阳的实际年龄差不多已经有 50 亿岁了。它的能量来源不是普通的化学燃烧,而是原子核反应。

在太阳上,大约有 71%是氢,27%是氦,所有其他元素的含量都微乎其微。1 个氢原子核就是 1 个质子,1 个氦原子核则由 2 个质子和 2 个中子组成。4 个氢原子核可以通过"核聚变"合成一个氦原子核,这时就会有 2 个质子转变为中子,同时释放出巨额的能量。氢弹的能量来源就是这种核聚变过程。太阳仿佛是一个永远在爆炸的硕大无朋的氢弹,但是它自身的引力极其强大,足以使它不至于被炸得粉身碎骨。

搏动的太阳

太阳孕育了人类文明。日复一日,年复一年,人们看见的太阳似乎总是一个样。可是,在 1960 年,美国天文学家罗伯特·本杰明·莱顿测量了太阳表面气体物质的运动情况,意外地发现了一种前所未知的重要现象:

太阳表面的气体物质在持续不断地、有规律地上下振动着。也就是说,整个太阳仿佛就像一个不断搏动着的巨大的心脏。

那么,莱顿是怎么知道太阳表面的气体物质是如何运动的呢?

这同物理学家所说的"多普勒效应"密切相关。我们知道,当火车疾驶着经过车站时,站台上的人会觉得火车的汽笛声起了变化:当火车奔向我们而来时,汽笛的声调听起来就越来越尖锐高亢;当火车离开我们远去时,汽笛的声调又逐渐低沉下来。1842 年, 奥地利物理学家克里斯蒂安·约翰·多普勒首先阐明了造成这种现象的原因。他指出,当火车朝向我们而来时,每秒钟传到我们耳朵中的声波数目就比当声源(火车汽笛)处在静止状态时多,因为这时的声波不但按正常速度从声源(汽笛)出发向外传播,而且还附加了火车行驶的速度;与此相反,当火车远离我们而去时,每秒钟传到我们耳朵中的声波数目就比当声源(火车汽笛)处在静止状态时少,因

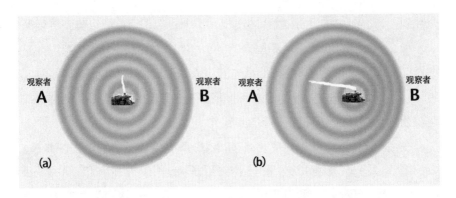

图 5-8　多普勒效应示意图。(a)火车头静止在中央,两位观察者 A、B 听到相同的汽笛声;(b)火车头向观察者 B 疾驶,B 听到的汽笛声比 A 听到的汽笛声更加高亢

为此时声波传来的速度变慢了,它等于声源(汽笛)静止时的声速减去列车的速度。总之,汽笛的声调变化,是由于声源运动使得每秒钟传到我们耳中的声波数目有了变化。后来,人们就把这种现象叫作"多普勒效应"。

声波是一种波,光波也是一种波。多普勒效应不仅适用于声波,而且同样适用于光波。所以,一个快速运动的光源发出的光,到达我们的眼睛时,它的"光调"——即光的频率,也会有所改变。也就是说,光的颜色会略有变化。1848 年,法国物理学家阿尔芒·路易斯·菲佐指出:当一颗恒星朝向我们运动时,就像火车朝着站台驶来,这时星光的"光调"升高,也就是光的频率增高,于是光谱线往光谱中频率较高(波长较短)的那一端(即紫端)移动,这叫作光谱线的"紫移"。相反,当恒星远离我们而去时,"光调"降低,也就是光波的频率变低(波长变长),光谱线便向光谱的红端移

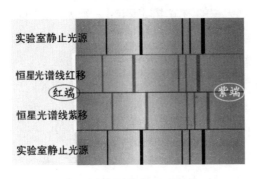

图 5-9　光谱线的红移和紫移

动,这叫作光谱线的"红移"。通过测定光谱线红移或紫移的程度,就可以推算出天体趋近或离开我们的速度。

莱顿利用多普勒效应测量太阳表面气体物质的运动情况,发现它们上下起落的总幅度为几十千米。虽然这和

太阳本身的尺度——半径约 70 万千米——相比是很小的，但是在任何时刻，整个太阳表面总有大约 2/3 的区域都在参与这种运动，那么就必须承认，这种景象确实十分壮观。而且，太阳表面某一固定地点的气体急剧振荡几次以后，还会缓和一段时间，再开始下一次新的振荡。平均说来，它们的振荡周期大约为 5 分钟。因此，太阳表面的这种振荡又叫作"5 分钟振荡"。

各国天文学家对莱顿的发现产生了浓厚的兴趣。他们通过大量的观测又进一步发现：太阳振荡的周期还不止 5 分钟这一种，例如 1976 年苏联天文学家发现太阳表面还有一种周期长达 160 分钟的振荡。后来，美国和法国的天文学家也证实了这一点。

除太阳振荡外，多年来还有不少天文学家反复探讨了太阳半径是否变化的问题。例如，有人曾得出太阳半径存在着周期为 76 年、最大幅度为 0.8″（相当于约 600 千米）的振荡，或者说，太阳半径似乎有 0.08% 的相对变化。然而，精确地测定太阳半径是非常困难的事情，因此关于太阳半径究竟是否变化以及如何变化之谜，至今仍然悬而未决。

太阳内幕

关于太阳表面的振荡现象，人们已经了解得不少了。那么，为什么太阳会振荡呢？这牵涉到许多很复杂的问题，目前科学家们的看法也不完全一致。不过，多数科学家认为，振荡虽然发生在太阳表面，根源却在太阳的内部。

太阳内部的结构大体上是这样的：从太阳中心的核反应区出发，依次经过辐射传能区和对流层，到达太阳的可见表

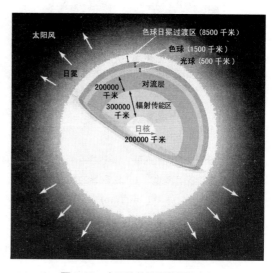

图 5-10　太阳的结构示意图

面——光球层。核反应区的半径约为太阳半径的1/4，质量占整个太阳的一半以上，99%的太阳能量都集中在这里，其中心温度高达1500万开。

太阳中心的核反应区产生的能量，以X射线和γ射线的形式进入辐射传能区，该区内的物质不断吸收辐射又发出辐射，从而不断地将能量往外转移。辐射传能区之外是对流层，其顶部与光球层相接。对流层是不透明的，其中的物质急速地上下翻滚，形成湍流，从而不断地以对流的形式向外传送能量。

有3种因素可能使太阳内部产生振荡，那就是由气体压力造成的"声波"、由重力造成的"重力波"和由磁力造成的"磁流体波"。这3种波还可以互相结合：声波与重力波结合，重力波与磁流体波结合，或者磁流体波与声波结合，甚至3种波全都结合在一起。正是这些错综复杂的波动造成了太阳上宏伟的振荡现象。不少科学家认为，5分钟振荡可能是太阳对流层中产生的一种声波，而160分钟振荡则可能是由日心引力引起的重力波，但目前还不能完全确定这些解释究竟是否正确无误。

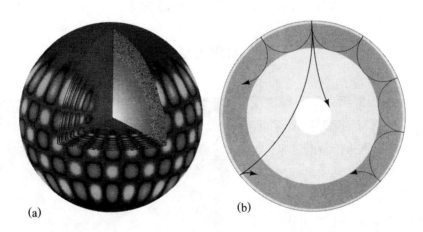

(a)　　　　　　　　　　(b)

图 5-11　太阳振荡。(a)科学家们通过观测，可以确定太阳表面各振动波的波长和频率，并据此推断用其他方法无法获悉的太阳内部信息。图中较暗的区域代表气体向下运动，较亮的区域代表气体向上运动。(b)波的初始运动方向不同，就有可能进入太阳内部不同的深度。图中最靠近太阳表面的那些波，大致对应于图(a)所示的振动模式

今天人们对太阳的内部结构还知之甚少。太阳表面振荡现象的发现，给人们带来了揭开太阳内部奥秘的新希望。当地球上发生大地震时，人们

可以测量由于地震造成的振荡,并根据地震波来推断地球内部的结构。那么,能不能利用太阳的振荡来分析推断太阳内部的结构呢? 天文学家确实是这样想的,他们对太阳振荡现象进行了大量研究,这样就逐渐形成了太阳物理学的一个新分支——日震学。人类为了更深刻地了解哺育自己成长的太阳,还真得好好研究日震学呢。

天空游荡者

"七"这个数字仿佛有一种魔力,吸引着人们在各种大不相同的场合广泛地使用它:世界古代建筑有"七大奇迹",欧洲人赞美"七种德行",中国人也常说人有"七情",古代宗法制度规定天子有"七庙",佛教中有"七宝",基督教有"七宗罪孽"等。

那么,"七"这个数字究竟有什么特别之处呢?

我们不妨设想,在极遥远的古代,必定有七件一组惹人注目的事物,令上古的初民心生敬畏。于是,这些事物的总数"七"也就带上了神奇的光彩。这七件事物,乃是最惹人注目的七个天体,它们确实与众不同。

天空中的绝大多数星星构成了一幅仿佛固定不变的图画。夜复一夜,年复一年,群星仿佛固定在拱状的天穹上,随着天穹一起周而复始地转动着。这些固定的星星叫作"恒星"。

然而,有几颗很亮的星却老是在众星构成的图形间游移不定。它们夜复一夜地从西向东徐徐穿行于群星之间,直到在天穹上绕转整整一周,重又回到原先的地方。然后又是一次同样的旅行。上古的观天者发现,如此循环往复奔波不息的星星一共有五颗。古希腊人把它们统称为"游荡者",即"行星"。

其实,相对于群星构成的背景,太阳和月亮也不时地改变者自己的位置。每天日落后,展示在我们眼前的星空都有一些差异,这正是太阳相对于群星不断移动的反映。由于这种移动,灼眼的阳光在不同的日子里淹没了天空的不同部分,人们在夜间所见的另外那半边星空自然也就不断地变化了。

月亮的情况更为明显。任何人都不难发现,在一个月中,每天晚上月边的"寒星"都是互不相同的。月亮在群星间自西向东地移动,每天竟达约

图5-12　苏美尔人神话中掌管爱和美的女神伊斯妲尔

图5-13 金星的符号和现代人赋予她的时尚形象

13°之多！

在古代中国，上述那五颗行星被统称为"五星"，再加上太阳和月亮则合称"七曜"。这七个天体在群星间的运动也给古希腊人留下了很深刻的印象。然而，首先系统地观测和研究它们的，还是生活在美索不达米亚平原的苏美尔人。早在四五千年前，苏美尔人就系统地观测上述这七个天体了。

毫无疑问，在难以查考的远古时代，人类就认识太阳和月亮了，我们无法知道是谁，或者是哪个民族首先为它们起了名字。五颗行星看上去同太阳、月亮很不一样，它们只是一些明亮的小光点，而不呈现出肉眼可以分辨的视圆面。这五颗行星中有一颗的亮度经常仅次于太阳和月亮，没有哪颗恒星的亮度能与之媲美。于是苏美尔人就把它叫作"伊斯妲尔"——掌管爱和美的那位女神的名字。

苏美尔人的天文学知识后来传播到古希腊，又传播到古罗马，用神名命名行星的体制也保存了下来。古希腊人把行星"伊斯妲尔"改称做"阿佛洛狄忒"——希腊神话中专司爱和美的女神；罗马人又改称它为"维纳斯"——罗马神话中的爱神，这个名字一直沿用到了今天。我们中国人则继续使用自己的祖先早已为它取好的名字——金星。

　　金星在我国古代又称"太白"或"太白金星"。而且,当黎明前它从东方地平线上升起的时候,又称做"启明",意思是东方欲晓、开启光明;当黄昏以后,它低垂在西方天边的时候,则称做"长庚",意思是暮色降临、长夜将至。

　　古人还给每颗行星确定了一个符号。这些符号既简洁,又充分显示出同那颗行星配对的那位神祇的特征。金星的符号♀代表一面镜子。显然,婀娜多姿的爱神是少不了这类东西的。

　　另一颗行星那暗红的光芒使人联想起战争、流血乃至死亡,苏美尔人便用战争之神"奈格尔"的名字称呼它。古希腊人改称它为希腊神话中的战神"阿瑞斯"。罗马人又改用自己的战神"马尔斯"来命名它,这个名字如今在世界各地已经家喻户晓。古代中国人称它为"火星",又名"荧惑"——因为它"荧荧似火",而且亮度多变,行踪不定,令人迷惑。

　　火星的出没和金星完全不同。金星在天空中始终是太阳的随从,不是跟着太阳落山,就是略早于太阳升起,永远不会在子夜前后高悬空中。火星却不一样,它的位置可以离太阳很远,有时整夜在天空中闪耀着暗红的光芒。

　　天文学家用符号♂来代表火星,画的是一对古老的战争武器矛和盾,战神总是随身携带着它们。在古老的神话中,战神马尔斯是一位理想的男子,爱神维纳斯是一位完美的女性。所以,在生物学中,♂和♀这两个符号又分别被用来代表"男"和"女"或者"雄"和"雌"了。

图 5-14　火星的符号和战神的形象

　　还有一颗行星的亮度仅次于金星,行动又像火星一样自由。有时在无月的晴夜,金星隐没在地平线下,这颗星就成了整个天空中最亮的天体。于是,古代西亚的居民就用大神"马尔杜克"的名字称呼它,古希腊人称它为大神"宙斯",古罗马人又以罗马神话中的大神"朱庇特"为它命名,这就是目前国际上通用的名称。中国古代叫它做"木星",又称"岁星",因为当时

图 5-15　木星的符号和神话形象

图 5-16　水星的符号和墨丘利的形象

人们用它来定岁纪年。木星的符号是♃，它是"宙斯"（Zeus）的第一个字母Z 的花体写法。

　　还有一颗行星，在天空中移动的速度最快，而且比金星更靠近太阳。它老是在太阳前后徘徊，时而在黄昏、时而在黎明时分出现。中国古人称它为"水星"，又称"辰星"，因为它与太阳的角距离从不会超过一"辰"（中国古代把周天 360°分为十二辰）。它流传至今的名字"墨丘利"，是古罗马神话中为诸神传递消息的信使，同时又掌管着商业、医药、道路等等。人们想象墨丘利脚上长着一对翅膀，这同水星的行动敏捷十分相称。墨丘利那根有两条蛇缠绕的手杖，后来演变成了天文学家用来代表水星的符号☿。

　　最后一颗行星正好同水星相反，在天空中的行动特别迟缓。我国古人称这颗星为"土星"。它每 28 年绕行一周天，恰好每年"坐镇"或"充填"二十八宿之一，于是又被称做"镇星"或

图 5-17　土星的符号和克洛诺斯的形象

"填星"。古代欧洲人认为土星行动缓慢而镇定,象征着命运的变幻和时间的流逝,于是就用一位老神的名字称呼它。在古希腊神话中,它是大神宙斯的父亲克洛诺斯,相当于古罗马神话中的萨都恩,后者就是土星在国际上通用的名称。萨都恩神掌管农业,因此,在天文学中土星的符号乃是♄:一把象征收获的镰刀,又是一把"时间和命运之镰"。

苏美尔人和他们的后继者把一年分成许多星期。每个星期由 7 天组成,其中的第一天与太阳(Sun)相联系,因此迄今在英语中仍把每周的第一天叫作 Sunday(星期日),即"太阳之日";第二天则和月亮(Moon)相联系,叫作 Monday(星期一),即"月亮之日"。其余 5 天分别与 5 颗行星相联系。与战神相联系的是一个星期的第三天,即星期二。某些古代日耳曼人用他们的战神梯乌(Tiw 或 Tiu)的名字来称呼这一天。时至今日,英语中的星期二仍称为 Tuesday,原意正是"梯乌之日"。在现代法语中星期二称为 Mardi,在意大利语中称为 Martedì 等,原意都是马尔斯之日,即火星之日。一个星期的其余几天是这样的:星期三是水星之日,星期四是木星之日,星期五是金星之日,星期六是土星之日。在各种西方语言中,也可以看到它们命名的身影。例如,土星是罗马神话中的农神萨都恩(Saturn),英语中的 Saturday(星期六)便直接由 Saturn(土星)和 day(日)缀联而成。

行星如何运动

几乎所有的古代天文学家都误以为地球位于宇宙的中心,恒星和行星全都绕着地球转。宇宙观念不正确使他们的研究工作走了许多弯路。直到 1543 年,波兰天文学家尼古拉·哥白尼终于提出一种全新的见解。他宣称:太阳,而不是地球,位于宇宙的中心,行星都绕着它转动;地球也是一颗行

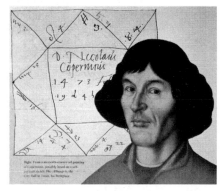

图 5-18 伟大的波兰天文学家尼古拉·哥白尼(1473—1543)

星，也绕着太阳运转；月亮环绕地球转动，它是地球的卫星。太阳与它的这些"随从"一起构成了太阳系。

　　近代科学兴起后，天文学家们又先后发现了 2 颗新的行星以及众多的小行星和矮行星。不过，在讲述它们的故事之前，我们还应该认识一下第谷和开普勒这两位重要而有趣的天文学家。

　　第谷是天文望远镜诞生以前最优秀的天文观测家，开普勒则是近世天文学中继哥白尼之后的又一位理论巨匠。这两个人在许多方面都截然不同：从出身、性情、为人处世，到对宇宙体系的看法，都大不相同。第谷毕生追求实测数据的精密，开普勒则执着于探寻宇宙的和谐。这两个人走到一起对天文学产生了极重要的影响，但是他们的相处也有许多不和谐的地方。

　　第谷是丹麦的贵族，生于 1546 年。开普勒比第谷小 25 岁，出生于 1571 年。开普勒的父亲既狠且贪，还丢下了妻儿恣意出走。幼年的开普勒禀性聪颖，可惜体弱而多病。

图 5-19　第谷·布拉赫（1546—1601）在向神圣罗马帝国皇帝鲁道夫二世介绍天文知识

　　第谷在学生时代为了争夺数学第一把交椅而与人决斗，结果被削去了鼻子，后来不得不戴上一个金属假鼻。1599 年，第谷在布拉格充任神圣罗马帝国皇帝鲁道夫二世的御前天文学家。他生活浮华，热中于盛宴豪

饮。但与此同时，他不仅制造出许多
称雄欧洲的天文仪器，而且他的观测
数据也是构筑近世天文学大厦的优质
材料。然而，第谷却不是一名能够自
如地使用这些材料的建筑师。他知道
开普勒在3年前出版了一部名叫《宇宙
之神秘》的著作，意识到自己很需要开
普勒那样的理性思维能力。在第谷的
邀请下，开普勒几经犹豫，终于踏上了
投奔第谷之途。

图5-20　德国天文学家约翰内斯·
开普勒（1571—1630）

这时的开普勒也确实需要大名鼎鼎
的第谷的观测资料。那时，人们所知的
行星共有6颗：水星、金星、地球、火星、
木星和土星。多年来，开普勒一直在想：行星为什么就是6颗？它们轨道之
间的距离为什么就是这样的大小？

开普勒对宇宙之和谐心驰神往，这使他想起了古希腊哲学家柏拉图提出
的5种"完美形体"，即三维空间中仅有的5种正多面体：正四面体、正六面体、
正八面体、正十二面体和正二十面体。他把这些完美形体层层相套，并认为
正是它们支撑着6个行星所在的"水晶球层"，决定着这些球层的大小。

他因自己的"发现"而大喜过望。他说："现在我不会再因工作而厌烦。
我在数学计算中度过日日夜夜，直至弄清我的设想是否与哥白尼的（行星
运动）轨道相符。不然的话，我就是空欢喜一场。"

然而，开普勒的设想并不与哥白尼的行星运动轨道相吻合。他觉得问
题可能在于早先的天文观测数据不够精确。开普勒觉得必须用更好的观
测资料来进一步辨明事情的真相。因此，他对第谷寄予很大的希望。

第谷并没有很痛快地把自己的观测资料都交给开普勒，他生怕自己请
来的助手最后成了重大科学竞赛的对手。他们两人都预感有可能取得丰
硕的研究成果，但是他们都无法独自取得。

1601年10月，第谷因酒食过度去世，开普勒继承了第谷的行星运动观

测资料。笃信哥白尼的日心宇宙体系,加上忠于第谷的实测数据,最终使开普勒成了有史以来正确地定量阐明行星究竟如何运动的第一人。他特别详细地研究了火星的运动轨道。经过无数次尝试和摸索,终于得出结论:火星沿椭圆轨道绕太阳运行,太阳处于椭圆的一个焦点上。

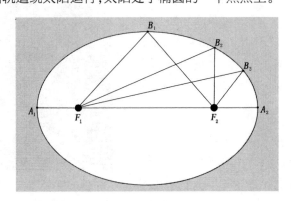

图 5-21　椭圆宛如压扁了的圆。它有两个焦点 F_1 和 F_2,从椭圆边上的任何一点(例如 B_2)到两个焦点的距离之和(即 $B_2F_1+B_2F_2$)都与椭圆的长径(A_1A_2)相等

1609 年,开普勒在他的《新天文学》一书中正式公布了他的头两条行星运动定律:

第一定律:行星运行的轨道是椭圆,太阳位于椭圆的一个焦点上。

第二定律:行星的向径在相等的时间内扫过相等的面积。

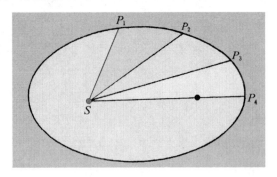

图 5-22　开普勒行星运动第二定律示意图。太阳 S 位于行星椭圆轨道的一个焦点上,行星与它的连线称为行星的向径。行星向径在相等的时间内扫过相等的面积:如果行星从 P_4 运动到 P_3,与从 P_2 运动到 P_1 花费的时间相等,那么扇形 P_4SP_3 与扇形 P_2SP_1 的面积必定也相等。由此可见,行星处在远日点附近时运动最慢

1619 年，开普勒又在他的新著《宇宙谐和论》中发表了行星运动第三定律：行星公转周期的平方与其轨道半长径的立方成正比。

数十年后，牛顿在开普勒行星运动三定律的基础上更进一步，最终发现了万有引力定律。

极具讽刺意味的是，在开普勒发现行星运动第三定律后仅 8 天，欧洲爆发了极端残酷的"三十年战争"。那是一系列宗教与政治交织在一起的野蛮得近乎疯狂的战争。第谷那些伟大的天文仪器在战争中被焚毁，永远地消失了。

开普勒的妻子和儿子都在这场战争中死了——死于入侵者带来的传染病。开普勒的母亲因为得罪当地有权势的人而惹了麻烦。她被指控为巫婆，在一个夜晚被人装进洗衣筐弄走了，她用草药替人治病也成了行巫的罪证。开普勒先后奔走了 6 年，母亲才免于一死。

1630 年，开普勒因为几个月拿不到薪俸而度日维艰。他不得不亲自远行，前去向政府索取欠金。途中，他在雷根斯堡突然发烧，几天后便在贫病交加中凄然去世。然而，正是他那勤勉、坎坷的一生向人们昭示：人类理性思维与客观世界规律的和谐统一，既是近代科学的精神，也是真与美在科学中的光辉体现。

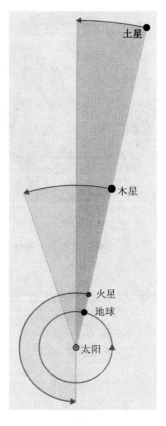

图 5-23　开普勒行星运动第三定律示意图。地球、火星、木星、土星距离太阳一个比一个更远。地球一年绕太阳公转一周，在此期间火星只绕太阳公转了半圈多些，木星仅绕太阳转过约 30°，土星的行动就更缓慢了

新的行星

1738 年 11 月 15 日，威廉·赫歇尔生于德国的汉诺威城。他 15 岁就在军乐队中当小提琴手并吹奏双簧管。他的志向是当一名作曲家，但他又将

图 5-24　著名的长寿女天文学家卡罗琳·赫歇尔（1750—1848）

大量时间用于学习语言和数学，后来还加上了光学。

威廉的妹妹卡罗琳·赫歇尔比他小 12 岁，1772 年随威廉到了英国的巴斯。她天生一副好歌喉，每天都要去上声乐课，还要跟威廉学英语和数学。卡罗琳待哥哥非常好，悉心料理家务。她那详细的日记，留下了威廉整整 50 年的工作史。更重要的是，她是一位极好的助手，当威廉一连十几个小时因磨制镜面而腾不出双手时，卡罗琳就会亲手喂哥哥进食……

威廉对天文学的兴趣与日俱增。1773 年，他用买来的透镜造出了自己的第一架望远镜。那是一架焦距长 1.2 米、可放大 40 倍的折射望远镜。但后来经过对比，他还是对反射望远镜更为满意，从此就一直专注于制造反射望远镜了。

威廉·赫歇尔的第一架反射望远镜焦距约 0.6 米，不久又造了一架焦距约 1.5 米的和一架焦距约 2.1 米的。到 1776 年，他已经造出焦距 3 米和 6 米的反射望远镜了。

具备了强有力的望远镜后，威廉于 1779 年开始巡天观测。两年后，他编出第一份《双星表》，列出 269 对双星，1781 年由英国皇家学会出版。

1781 年 3 月 13 日，威廉·赫歇尔破天荒发现了一颗新的行星！当时，他正在仔细考察金牛座中的恒

图 5-25　威廉·赫歇尔发现天王星所使用的那架口径 15 厘米、焦距 2.1 米的反射望远镜

星，起先以为自己看见了一颗新的彗星，但当积累了足够的观测资料，计算出它的轨道后，终于弄清了这颗星的本来面目。4 月 26 日，他在英国皇家学会宣读了关于这项发现的论文；5月，他在英国皇家学会接受了科普利奖章；6 月被选为英国皇家学会会员。

1782 年，威廉向温莎的英国王族展示了他用来发现天王星的那架焦距 2.1 米的反射望远镜。鉴于他的成就，国王乔治三世授予他每年 200 英镑的津贴。从此，他就可以专心致志地进行天文研究了。

对于 18 世纪的人来说，太阳系中居然还有前所未知的行星，真是太出乎意料了。人们决定遵守以神话人物命名行星的古老传统，来为新行星命名。古人早已用战神马尔斯命名了火星，用马尔

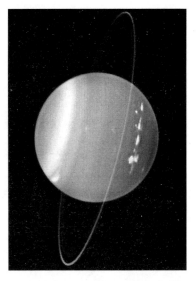

图 5-26　2004 年 7 月用凯克望远镜的近红外照相机拍摄的天王星照片，色彩经人工强化处理。天王星的自转轴倾斜得厉害，高层白色的云状特征主要出现在它的北半球（图中右侧）。色彩强化使原本很暗弱的天王星环带变得相当显眼

斯的父亲、大神朱庇特命名了比火星远的木星，并用朱庇特的父亲、农神萨都恩的名字命名了比木星更远的土星，现在则将萨都恩的父亲、天神优拉纳斯的名字赋予了这颗更加遥远的新行星，汉语中就称它为"天王星"。所以，从火星往外，一直到天王星，正好经历了同一家族中一代高过一代的"四辈人"。天王星的符号是♅，它的含义平凡而朴实：一颗星上面写着一个 H，这正是发现者赫歇尔名字的第一个字母。

赫歇尔继续工作到 80 岁开外。他活了 84 年，这正好等于天王星绕太阳运行的公转周期。在他死后 24 年，1846 年 9 月 23 日，德国柏林天文台的青年天文学家加勒找到了第二颗新行星。法国著名科学家阿拉果建议称它为"勒威耶"，因为正是法国青年天文学家于尔班·让·约瑟夫·勒威耶（实际上还有更年轻的英国天文学家约翰·库奇·亚当斯也独立地）

图5-27 "旅行者2号"宇宙飞船于1989年8月飞临海王星时拍摄的照片

准确预告了它的位置,从而直接导致了这一发现。但是,以神话人物命名行星的传统再次占了上风。通过大望远镜观看,这颗新行星呈现出蓝蓝的颜色,这很容易使人联想起蔚蓝的大海,于是它便获得了罗马神话中的大海之神纳普丘的名号,汉语中就称为"海王星"。海王星的符号是 ♆,这正是海神纳普丘用的武器三股叉。

小行星和矮行星

在发现天王星和发现海王星之间,还有一段有趣的插曲。

1801年,意大利天文学家朱塞佩·皮亚齐很偶然地发现了位于火星和木星之间的一个新天体——谷神星。它环绕太阳运行,很像一颗新的行星。但是后来查明,它的个子实在太小,直径仅约1000千米,还不足地球直径的8%,体积则不及地球的1/2000。因此,人们称这类天体为"小行星"。

图5-28 哈勃空间望远镜于2004年1月24日拍摄的谷神星照片

小行星的数量非常之多。到发现海王星的时候,已经发现5颗小行星。1868年确定的小行星达到了100颗,1890年已达到300颗。1891年,德国天文学家马克西米利安·沃尔夫用照相方法发现了一颗新的小行星——第323号小行星"布鲁西亚"。照相观测要比直接用眼睛寻找更方便,效率也高得多。因此,从1892年以来,就没有天文学家再用肉眼搜寻小行星了。也因此,沃尔夫一个人就发现了231颗新的小行星。

天文学家将地球到太阳的平均距离——即地球公转轨道的半长

径——称为一个"天文单位"。包括谷神星在内的绝大多数小行星,轨道半长径都在 2.1—3.5 天文单位之间。如果以太阳为圆心,以 2.1 和 3.5 天文单位为半径各画一个圆,那么在这两个圆之间的环状区域就称为小行星的"主带"。

中国天文学家也发现了许多小行星,其中第一颗是张钰哲先生早年留学美国期间,于 1928 年在叶凯士天文台实习时发现的。为了表达对祖国的眷念,他把这 1125 号小行星命名为"中华"。新中国成立后,紫金山天文台(张钰哲任此台台长达 40 余年之久)发现了许多新的小行星。它们有的以我国古代科学家命名,例如 1802 号"张衡"、2012 号"郭守敬";有的用我国的地名命名,例如 2045 号"北京"、2169 号"台湾"等;也有不少以现代人物或事物命名,例如 3405 号小行星以老一辈著名天文学家"戴文赛"命名。戴文赛从 20 世纪 50 年代初开始就任南京大学天文学系主任,始终深受全系师生的敬爱。

20 世纪末,中国科学院国家天文台使用施密特望远镜,配上CCD取代照相底片,开展巡天工作,大幅度提高了发现新小行星的效率。这些新发现的小行星也有不少已经正式命名。例如,10930 号小行星以"金庸"命名。国际小行星中心发布通告介绍:金庸是 15 部著名武侠小说的作者,这些作品以各种文字出版至今超过了 3 亿册,他获得了一系列国际性的荣誉称号,是英国牛津大学、北京大学等五所著名大学的名誉教授。

据国际天文学联合会 2020 年 6 月 23 日发布的消息,获得正式编号的小行星总数已达 546077 颗,其中已正式命名者 22129 颗。如今,这些数字还在继续迅速增长。但是,没有任何一颗小行星的大小超过谷神星。

2007 年 9 月,美国国家航空航天局成功发射了"黎明号"飞船,前往探测灶神星(第 4 号小行星)和谷神星。2011 年 7 月,"黎明号"进入环绕灶神星运行的轨道,探测这颗小行星达一年之久。然后,"黎明号"转而前往谷神星,于 2015 年 3 月进入环绕谷神星运行的轨道。它在谷神星北半球一个直径约 50 千米的撞击坑内部和附近发现了有机物的痕迹,从而增加了谷神星曾经拥有生命宜居环境之可能性。2018 年 11 月,"黎明号"完成了它的历史使命,不再向地球发送信号,飞船本身则继续在环绕谷神星的轨道

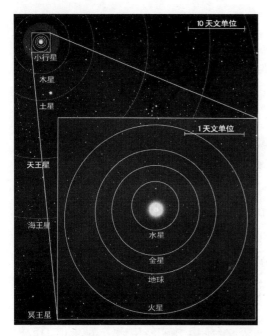

图 5-29　太阳系概貌。图中的距离按实际比例绘制

上运行不已。

更富有戏剧性的故事，发生在冥王星身上。

1930 年 3 月 13 日，美国洛厄尔天文台台长维克托·梅尔文·斯莱弗正式宣布，发现了一颗海外行星——远在海王星之外的行星。这天刚好是威廉·赫歇尔发现天王星的 149 周年纪念日。这项长时期搜索"海外行星"的庞大计划，主要是由年轻的美国天文学家克莱德·威廉·汤博承担的。为此，他先后排除了大约 20000 名"嫌疑犯"或"候选者"。当时有许多命名方案，但最妙的是英国剑桥一位 11 岁的女学生维尼夏·伯尼提出的建议：这颗行星永远处于寒冷遥远的黑暗之中，那儿仿佛是冥国的所在地，因此最好用地狱之王普鲁托（Pluto）的名字来命名它。而且，Pluto 的头两个字母又正好与珀西瓦尔·洛厄尔的姓氏缩写 P.L.相一致，洛厄尔则是运用照相巡天方法，系统地搜索这颗新行星的奠基人。冥王星的符号♇既是普鲁托这个名称的缩写，又是对竭力使人类认识这位冥王的珀西瓦尔·洛厄尔的一种纪念。从此，冥王星就成了太阳系中的第九颗大行星。

20 世纪 90 年代，有些天文学家想到：从发现天王星到发现海王星经历了 65 年，从发现海王星到发现冥王星经历了 84 年，从发现冥王星到现在又已经过了 70 来个年头，那么太阳系的第十颗大行星是否也快露面了呢？

历史的车轮驶入了 21 世纪。2005 年 7 月 29 日下午，美国天文学家迈克尔·布朗通过电话向新闻界宣称："拿起你们的笔，从今天开始改写教科书。"他的意思是：他的研究小组已经发现了第十颗大行星！

这颗暂定名为 2003UB313 的"新行星"环绕太阳运行的轨道是一个长长的椭圆，公转一周需要 560 年。目前它与太阳的距离约 97 天文单位，几乎是冥王星目前到太阳距离的 3 倍。冥王星其实相当小，直径只是谷神星的 2 倍多，质量仅约为地球的万分之二。2003UB313 似乎比冥王星更大，因此布朗博士说，如果冥王星也能称为行星的话，那么"我们发现的这一颗应该算是太阳系的第十大行星。"但是问题在于，究竟什么样的天体才称得上是一颗"行星"呢？

这还得从所谓的"柯伊伯带"说起。"柯伊伯带"是 1951 年荷兰裔美国天文学家柯伊伯从理论上推测存在于海王星轨道之外的一个很大的区域，有大量小天体位于其中，它们被统称为"柯伊伯带天体"。1992 年，天文学家在与太阳相距 40 余天文单位处切实发现了第一例柯伊伯带天体。在布朗宣称发现第十颗大行星时，人们所知的柯伊伯带天体已经近千。到 2005 年底为止，已知柯伊伯带中有 12 个较大的天体，大小与冥王星属于同一级别。难道它们都算是大行星吗？

"大行星"和"行星"其实是一回事。人们在"行星"前面添上一个"大"字，是为了更清晰地强调它们不是小行星。2006 年 8 月，国际天文学联合会终于作出决议，给"行星"下了一个确切的定义，其要点是：行星必须有足够大的质量，从而其自身的引力足以使之保持接近于圆球的形状，它必须环绕自己所属的恒星运行，并且已经清空了其轨道附近的区域（这意味着同一轨道附近只能有一颗行星）。早先知道的八大行星都满足这些条件。

另一方面，冥王星、2003UB313 等虽然接近圆球形，并且环绕太阳运行，却未能"清空其轨道附近的区域"。它们身处柯伊伯带中，那里的其他天体还多着呢！为此，决议新设了"矮行星"这一分类。除了冥王星、2003UB313，还有谷神星也必须划归这一类。至于其他众多的小行星和柯伊伯带天体，则还有待于国际天文学联合会逐一界定，究竟还有哪些应该确认为"矮行星"。至于连矮行星都算不上的，环绕太阳运行的其余所有天体——包括彗星、绝大多数小行星以及柯伊伯带中的许多天体，都可以明确归入"太阳系小天体"这一类。

图 5-30　阋神星艺术构想图。右上方是太阳,前景是阋神星,中部偏上的
小圆球是阋神星的卫星"阋卫一"

　　2006 年 9 月 13 日,国际天文学联合会将 2003UB313 正式命名为"厄里斯",这原是希腊神话中纷争女神的名字。正因为她抛下了引起纷争的金苹果,引发了惨烈的特洛伊战争。在汉语中,它被定名为"阋神星"。"阋",就是争吵的意思。

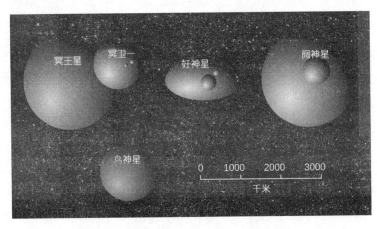

图 5-31　4 颗矮行星及其卫星的大小和反照率的比较

彗星真相

天空中偶尔会出现一种奇特的星,它们既不像通常的恒星或行星那样呈现为一个个光点,又不像太阳和月亮那样呈现为明亮的圆盘。它们像一块雾状的光斑,没有明显的轮廓,其一端往往还拖着一条或长或短的"尾巴"。

古希腊人把此类天体称为"带发的星"。我们的祖先则觉得它们像扫帚,所以称其为"彗星"。"彗"的意思就是"扫帚",所以我国民间又直呼彗星为"扫帚星"。

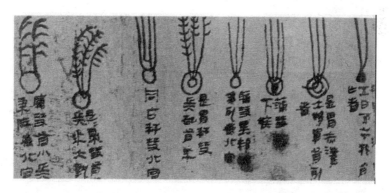

图 5-32　1973 年出土的湖南长沙马王堆汉墓帛书中有彗星图 29 幅（此处为局部）,表明当时不仅已观测到彗头、彗核和彗尾,而且彗头和彗尾还有不同的类型

古人不能预知彗星出没的时间和规律,兼之彗星外形奇特,就使许多人对它们望而生畏。他们猜想,彗星高悬,或许预示着灾难将临:战争、饥荒、瘟疫或是大人物的去世等。其实,彗星也是一种普通的天体,它不会对地球上的政局、人事产生任何影响。地球上年年都会发生灾难,所以不论彗星在何时出现,总会与某一次灾难的时间相近。明白了彗星的真相,就不必因彗星的出现而担惊受怕了。

1682 年,天空中出现了一颗大彗星。英国天文学家埃德蒙·哈雷仔细观测它日复一日越过天空的路径。1705 年,哈雷终于发现,1682 年大彗星的运动状况和 1607 年、1532 年的两颗大彗星几乎完全相同,它们出现的时间间隔是七十五六年。哈雷大胆地推测它们实际上就是同一颗彗星,并预

图5-33 英国天文学家埃德蒙·哈雷（1656—1742）

言它将在1758年再度回归。

1742年，86岁的哈雷与世长辞。16年后，1758年的圣诞节那天，一位德国农民天文爱好者首先发现了这颗彗星。它的运动轨道和出现的时间都与哈雷的预言相符合，于是后人便将这颗彗星称为"哈雷彗星"。

哈雷的发现表明，至少有一部分彗星也像行星那样，是太阳系的成员。只是它们的椭圆轨道往往极其扁长——长得像一支雪茄烟，或者比雪茄烟更细长。哈雷彗星离太阳最近的时候比水星离太阳更近，它离太阳最远时则比土星离太阳还远。1758年以后，哈雷彗星又曾三度回归，时间分别是1835年、1910年和1986年。1910年哈雷彗星回归时，其彗尾长逾2亿千米，横越大半个天穹，像银河那样宽阔明亮。1986年回归时，在地球上观测的条件甚为不利，所见景象大不如前。不过，专程前往探测它的几艘宇宙飞船还是获得了很珍贵的观测资料。

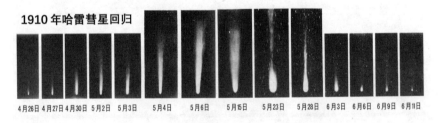

1910年哈雷彗星回归

4月26日 4月27日 4月30日 5月2日 5月3日 5月4日 5月6日 5月15日 5月23日 5月28日 6月3日 6月6日 6月9日 6月11日

图5-34 1910年哈雷彗星回归时彗头和彗尾的变化过程

在这些宇宙飞船中，最著名的当推"乔托号"，它的命名可以追溯到耶稣降生的故事。故事的梗概是：罗马皇帝奥古斯都下旨调查人口，命百姓各回原籍，即将临产的马利亚也回到了伯利恒。但因旅店客满，她只得暂栖马厩，结果在马厩中生下了儿子耶稣。这时，伯利恒上空出现了一颗奇亮的明星。在东方有三位博士，看见这颗奇星，便赶往伯利恒参拜了刚诞生的圣子。这个故事充满神奇色彩，激发了后世画家的灵感。意大利文艺复兴时期的大师，如达·芬奇、波提切利等，都曾以此题材作画。其中乔托的《三博士朝圣》技法简练而富有表现力，画中马利亚感人的脸庞便是人们乐道的典范。更有趣的是，在这幅画上，奇异的"伯利恒之星"乃是一颗形态逼真的大彗星。

图 5-35　意大利画家乔托（约 1267—1337）的著名壁画《三博士朝圣》（1303 年）

根据天文学家们推断，在传说的耶稣诞生之年并没有特大彗星出现。那么，乔托画上这颗大彗星的动因何在呢？

在于哈雷彗星。1301 年，哈雷彗星回归时，那明亮的彗头和颀长的彗尾给乔托留下了极深的印象。两年后，他便完成了壁画《三博士朝圣》。可以顺理成章地认为，画中在马厩上空闪耀着的，正是哈雷彗星的化身。

要确切查明构成彗星的物质究竟是何等模样，必须发送宇宙飞船直接去采集彗星物质样品。1985—1986 年，哈雷彗星再度回归时，各国共发射了

图 5-36　1988 年 8 月国际天文学联合会第 20 届大会期间现场展出的"乔托号"飞船模型

图 5-37 "乔托号"飞船于 1986 年 3 月
近距离拍摄的哈雷彗核图像

5 艘宇宙飞船,携带多种科学探测仪器,专程前往与其相会。其中苏联的"维加 1 号"于 1986 年 3 月逼近哈雷彗星,两者相距不足 10 000 千米。

西欧国家的欧洲空间局更加大胆,让它们的飞船直接切入哈雷彗星的主体,离彗核仅约 500 千米。人们寓意深长地把这艘飞船命名为"乔托号":乔托在将近 700 年前首次以画家的精确性摹绘了哈雷彗星的形象,而这艘飞船则志在撩开哈

雷彗星的神秘面纱。

1986 年,宇宙飞船对哈雷彗星的考察表明,它的彗核像个马铃薯,长轴约 15 千米,短轴约 8 千米,大部分表面覆盖着一薄层黑色尘埃和砾石物质。彗核上地形不平,分布着山脊、山脉和环形山。通过光谱研究,天文学家又获悉哈雷彗星的主要化学成分是碳、氢、氧、氮等元素,肯定了人们早先对彗星化学成分的基本认识。此后,又有多艘飞船继续探索其他彗星,同样取得了丰硕的成果,这里就不一一细说了。

太阳系的疆界

彗星可以从太阳近旁一直跑到离太阳很远很远的地方。那么,我们的太阳家园范围究竟有多大呢?它的疆界究竟在什么地方?

天文学家通常将绕日运行周期长于 200 年的彗星称为长周期彗星,周期短于 200 年的则称为短周期彗星。哈雷彗星的周期约为 76 年,就属短周期彗星之列。前文提及的柯伊伯带,是短周期彗星的聚居地,其中可能包含着数十亿颗彗星。柯伊伯带中的天体,应该是太阳系形成时的残留物,可以提供太阳系早期环境条件的相关信息。

彗星能够运行到离太阳极远的地方。有些彗星的轨道是拉得极长的

椭圆,近日距可以小于1个天文单位,远日距却达到成千上万天文单位。另一些彗星的轨道是抛物线或双曲线,它们绕过近日点后就离太阳越来越远,直至最终进入星际空间,一去而不复返。那么,彗星至多可以走多远,仍能算作尚未越出太阳系的疆界呢?

通常认为,大致可以"奥尔特云"为界。1950年,荷兰著名天文学家扬·亨德里克·奥尔特提出一种被广泛采纳的理论:在太阳系的外围,距离太阳5万到15万天文单位处,有一个大致均匀的巨大球层,仿佛是长周期彗星的"仓库",蕴藏着多达上千亿颗的彗星。这个"仓库",称为"奥尔特云"。

奥尔特云中的彗星绕太阳公转一周需要几百万年甚至几千万年。从附近经过的恒星以其引力使奥尔特云中部分彗星的运动轨道发生变化,致使这些彗星或是窜入太阳系内层而被我们看见;或是远走高飞,永远离开太阳系。

图 5-38　荷兰天文学家扬·亨德里克·奥尔特(1900—1992)

离太阳最近的一颗恒星是位于半人马座中的"比邻星",它与太阳相距4.22光年,大约相当于27万天文单位。奥尔特云已经处在容易与其他恒星的"势力范围"相冲突的太阳系边缘地带。在太阳到比邻星的方向

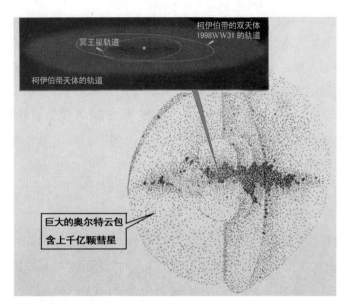

图 5-39　奥尔特云蕴藏着上千亿颗彗星。与呈扁平盘状的柯伊伯带不同，奥尔特云大致呈球状

上，奥尔特云同比邻星的距离同它与太阳的距离大致相当。不过，比邻星的质量比太阳小，引力也不如太阳强，所以奥尔特云还是受太阳的控制。

　　非常有趣的是，通过一条与上述分析截然不同的途径，人们推测太阳拥有一颗尚未被发现的暗伴星。它的质量和体积都比太阳小，发光能力也比太阳弱。这颗暗伴星绕着太阳转动，与太阳组成了一个双星系统。这一结论的推理过程是这样的：

　　过去 2 亿多年间，地球上有过多次全球性的生物集群灭绝，它们似乎具有 2600 万年的周期。生物集群灭绝必然是环境剧变造成的，因此人们应该寻找以 2600 万年为周期的环境剧变的原因。对此的推测之一，就是太阳有一颗伴星正在高度偏心的轨道上以 2600 万年的周期环绕太阳转动。根据运动周期，可以推算出它与太阳的平均距离为88000 天文单位，即约 1.4 光年，其轨道拉长得远端深深栽入奥尔特云中。在它经过近日点附近时，则会在地球上酿成置大群生物于死地的环境剧变。人们称这颗伴星为"尼米西斯"——希腊神话中的复仇女神，并试图用空间红外探测等强有力的手段去搜寻它。

　　从上面的讨论可见，太阳系的疆界并不像地球上截然分明的国界。随着离开太阳系的引力中心——太阳本身——越来越远，太阳的影响便越来越小。太阳系的边界应该划在太阳和其他恒星的引力影响彼此势均力敌的地方。显然，这在空间的不同方向上乃是互不相同的。再说宇宙间所有的天体都在不停地运动着，它们相对于邻近天体而言的"势力范围"当然也就在不断地消长。换句话说，太阳系的边界其实无时无刻不在变化。如此看来，我们又何必非要为太阳"王国"画出一条精确的"国界线"呢？

图5-40　公元2世纪的大理石雕像尼米西斯女神，高86厘米。发现于埃及，现藏法国巴黎卢浮宫

恒星奇观

自从柯南·道尔写出绝妙的故事以来，在几乎所有的侦探小说中都有这样一个时刻，侦探收集到了为解决问题的某个阶段所需的全部事实。那些事实看起来往往很奇特、不连贯，并且彼此毫不相干。可是大侦探知道这时不必继续调查了，现在仅由纯粹的思维就能把收集到的事实联系起来……他找到了联系！他不仅对手头所有的线索都有了解释，而且知道某些其他事情也一定发生了。因为现在他已经确切地知道在哪里可以找到它，如果愿意的话，他可以出去收集其理论的进一步证据。

——爱因斯坦、英菲尔德：《物理学的进化》

图 6-1　昂星团中有许多年轻的恒星

多彩的恒星世界

用肉眼就能看见的满天星辰,除了太阳、月亮和 5 颗明亮的行星外,其余的就都是恒星了。这些恒星自己都能发光发热,可以说,它们都是"远方的太阳"。然而,"远方"究竟有多远呢?

前面说过,离太阳最近的一颗恒星是半人马座中的比邻星,它同我们的距离是 4.22 光年。如果以 100 千米/每秒的速度乘坐宇宙飞船直飞比邻星,要飞 12 000 多年才能到达,还有许许多多恒星更是远达成千上万光年、甚至几万光年……

星星看上去都是一个个小光点,其实它们的大小差别十分悬殊。现在,让我们拿太阳和其他恒星作一番比较。太阳的直径是 139 万千米,有些恒星的直径要比太阳大千倍,体积就比太阳大 10 亿倍,如果把太阳放在它的中心,那么就连火星的轨道都会深深陷进它的"肚子"里!

另一方面,有些恒星的个儿又特别小,许多白矮星的体积甚至比地球还要小。中子星的半径更是只有 10 千米左右,地球的体积要比它大上亿倍呢。

恒星的大小虽然相差悬殊,但是质量却差得并不太多。太阳的质量大约是 2000 亿亿亿(2×10^{27})吨,质量最大的恒星也只是太阳质量的百十来倍;质量最小的恒星则为太阳质量的几十分之一。那么,为什么恒星的"体重"彼此相差不大呢?

这是因为有些恒星仿佛是在摆"空城计":它们个子很大,实际上却很空虚,构成它的物质比空气还要稀薄得多。而另一个极端,中子星却长得特别结实,像火柴盒那么大小的一块中子星物质竟有好几亿吨重。

恒星不仅有亮有暗,有大有小,而

图 6-2　恒星大小比较示意图:红巨星、太阳和白矮星

且颜色也各有差异。恒星颜色的差别,起因于它们的表面温度不同。如果我们把恒星的表面温度比喻为它的"体温",那么值得庆幸的是,天文学家已经找到一些巧妙的办法,可以在地球上测量出恒星的体温。

让天文望远镜收集到的星光通过分光仪器,就可以获得恒星的光谱。各种恒星的光谱是不同的。对光谱进行仔细的分析,可以精确地了解恒星的颜色和表面温度之间的关系,进而推算出表面温度的数值。不同恒星的光谱可以有很大的差异。例如,有的星发出的蓝光较多,因而呈蓝色,叫作蓝星;有的星发出的红光较多,因而呈红色,叫作红星。这些恒星的表面温度大不相同。蓝白星的表面温度很高,大约是25000开到40000开;白星的温度比蓝白星低一些;红橙星的温度则比黄星、黄白星低;红星的表面温度更低,只有两三千开。20世纪后叶,人们又发现不少以辐射红外线为主的恒星,称为红外星。红外星的表面温度比一般恒星低得多,还不足2000开,有的甚至低到只有几百开。

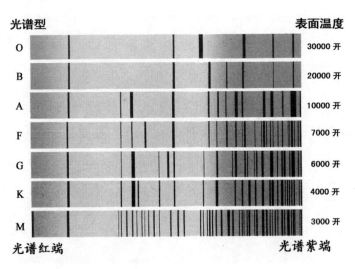

图6-3 天文学家对恒星的光谱进行分类,最主要的类型有O、B、A、F、G、K、M等,它们构成了表面温度由高到低的"恒星光谱序列"

在古代,"恒星"这个名词的本意是固定、不变的星。古人以为,除了几颗行星和偶尔出现的彗星以外,其他星星在天空中的位置和亮度是永恒不变的。这种看法究竟对不对呢？

不对，天地间没有绝对不变的东西。实际上恒星只是在较短的时期内看不出有什么变化，这正是星座的形状仿佛始终保持不变的原因。其实，许多恒星都运动得很快，速度可以达到每秒几千米、几十千米，甚至几百千米。

既然如此，那我们为什么看不到恒星在天上飞跑呢？

道理很简单，那还是因为恒星离我们实在太遥远。我们都有这样的经验：火车虽然跑得很快，但在远处，看起来仿佛就开得很慢了。高空的飞机飞得很快，

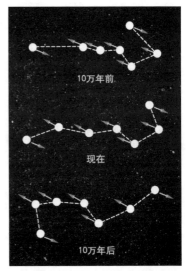

图 6-4　北斗七星的自行和北斗的形状变化

但也是因为离我们太远，看起来反倒不如近处的鸟儿飞得快。同样的道理，我们用肉眼根本就不可能看出恒星的运动。但是，天文学家用精密的天体测量仪器观测几年或几十年，甚至更久，就会发现这些恒星确实都在运动。

恒星不但在运动，而且自身也在不断地变化。大多数恒星都变化得很慢，因而在人的一生中，甚至在几百年、几千年中也很难察觉。但是，有些恒星在不太长的时间里，亮度就有比较明显的变化，被称为"变星"。还有的星，原来很暗，后来由于某种原因突然爆发了，一下子就增亮了成百上千倍，甚至几十万、几百万倍。

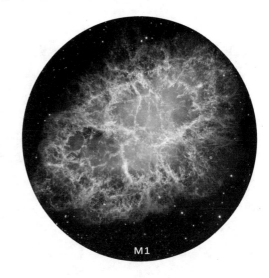

图 6-5　这是哈勃空间望远镜拍摄的蟹状星云照片。它是 1054 年超新星爆发时抛出的大量物质以很快的速度不断往外膨胀而形成的

这时就好像天空中突然冒出了一颗新的恒星,于是人们就把它们叫作"新星"。

还有一些恒星,爆发的规模比新星还要大得多,爆发时亮度一下子就陡增几千万倍,甚至上亿倍。这种星称为"超新星"。例如,在我国宋朝,一些史书曾经详细记载了一颗非常著名的超新星,它位于金牛座中,在公元1054年突然爆发,亮得白天都能看见,过了23天才逐渐暗淡下去。爆发抛射出来的物质不断地往四面八方膨胀,形成了著名的"蟹状星云"。

恒星世界瑰丽多姿。只要耐心寻访,就能发现更多神奇美妙的景象。

恒星的诞生

宇宙中的一切都有诞生、发展和衰亡的过程,星星也不例外。那么,一颗恒星究竟是怎样诞生的呢?

在广袤的太空中,有许许多多极其巨大的"云"。它们远比今天的太阳系大得多,由非常稀薄的气体和尘埃组成,主要成分是最简单的化学元素——氢。它们自身的万有引力使得气体和尘埃不断地往一块儿聚集。于是,云的体积变得越来越小,密度越来越大,同时温度也不断地升高。

图6-6　有许多理由可以相信,美丽的猎户座大星云是新生恒星的"温床"。

马头星云(左下侧箭头所指,见本书"解读大自然"章首图)只是它的很小一部分

当云的中心温度超过 700 万开时,那里的氢就会发生"热核聚变"。这时,每 4 个氢原子核聚合成为一个氦原子核,同时放出巨额的光和热。一颗新的恒星就是这样诞生的。

在恒星内部,这样的热核聚变可以维持很久。在热核聚变稳定进行的过程中,恒星的亮度基本保持不变。我们的太阳已经在这一阶段度过了约 50 亿年,而且还将继续这样度过 50 亿年。也就是说,太阳像今天这样发光发热,前后可长达 100 亿年! 现在它正好处在中年。

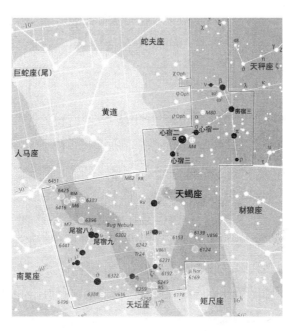

图 6-7　天蝎座的形状像一只大蝎子,其中最亮的是红巨星天蝎座 α(中国古星名"心宿二")。它是一颗 1 等星,红红的颜色非常引人注目

当恒星核心部分的氢燃料已经消耗掉很多,因而不能再维持正常的发光时,就会发生剧烈的变化:这时恒星的核心部分再次收缩,温度急剧上升,发出巨额能量。这股力量把恒星的外围部分迅速地推出去,致使这颗恒星的表面积迅速增大,体积变得十分巨大,因而光度变大,也就是变得更亮。但与此同时,它的表面温度却降低了,颜色也因此变红了。于是,这颗恒星

变成了红巨星，就像心宿二和参宿四那样。这是恒星的老年。

　　前面谈到了恒星的颜色和温度。值得注意的是，红星并不是只发出红光，黄星也不是只发出黄光。那只是表明在它们发出的光中，相对说来红光或黄光所占的比例较大而已。例如，太阳的表面温度约5800开，它是一颗黄星。实际上，太阳不仅发出人眼能看见的各种颜色的光，而且还发出人眼看不见的无线电波以及红外线、紫外线甚至X射线等其他波段的电磁辐射。

　　将星光分解为光谱，测出恒星辐射的能量在光谱中各个波长上的分布，再和不同温度的标准物体——所谓的"黑体"——的光谱能量分布加以比较，便可以据此确定恒星的表面温度。

赫罗图和主序

　　揭开恒星演化之谜，是20世纪天文学乃至整个自然科学中最伟大的成就之一。在这过程中，"赫罗图"的创立起了巨大的作用。这种图是20世纪初由丹麦天文学家赫茨普龙和美国天文学家罗素各自独立地创立的。赫罗图的横坐标代表恒星的表面温度，纵坐标代表恒星的光度，每颗恒星根据其表面温度和光度的大小，就在图上占有一个确定的位置。绝大多数恒星在赫罗图上都位于从左上到右下的一条斜带内，这条斜带称为"主序"，位于主序中的恒星则称为"主序星"。在主序的右上方，另有一条比较松散的横带，散布于其中的恒星叫"巨星"，它们的光度要比同样温度的主序星高得多。在主序的左下方分布着一些温度高、光度小的恒星，它们是"白矮星"。

　　赫罗图对恒星进行科学分类，是研究恒星演化问题的有力工具。恒星一旦形成，就在赫罗图上占据了一个位置。质量比太阳小的恒星光度小、温度低，进入主序的下部；质量比太阳大的恒星光度大、温度高，进驻到主序的上部；质量和太阳相近的恒星光度和温度都适中，占据主序的中部。

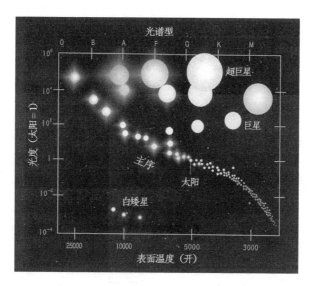

图 6-8　赫罗图的横坐标是恒星的表面温度或光谱型,纵坐标是恒星的光度或绝对星等

　　恒星在主序星阶段,内部往外的辐射压力和从外向里的引力势均力敌,所以恒星处于平衡状态,既不收缩也不膨胀。不同质量的恒星在主序上停留的时间互不相同:质量特别大的恒星宛如一只特别大的核燃烧炉,内部的热核聚变反应非常猛烈,核燃料消耗得非常快,很快就"烧完"了;相反,小质量恒星内部热核聚变进行得比较平缓,核燃料消耗得慢,所以它们的青壮年时期就长得多。太阳停留在主序星阶段的时间约为100亿年,质量比太阳大15倍的恒星,停留在主序星阶段的时间只有1000万年;另一方面,质量仅为1/5太阳质量的恒星,却可以在主序星阶段逗留1万亿年。

　　恒星一生中的主序星阶段结束后,在赫罗图上的位置便从主序向右上方移动,进入红巨星区域。此时,恒星核心部分的氦余烬在更高的温度和压力触发下,也开始发生热核聚变——"氦燃烧",形成碳原子核,并产生巨额能量。往后,这些"碳余烬"还有可能通过热核聚变,形成更重的原子核,并释放出巨额能量。但是,这些反应并不能维持很长的时间。当恒星内部的核燃料行将耗尽时,星体往往会通过抛射物质而损失掉一部分质量,大质量恒星更是会经过新星、超新星爆发,抛出大量物质,进入恒星的垂暮之年。

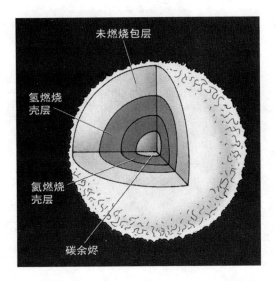

图 6-9　一颗恒星内部的"氦燃烧"启动数百万年之后,恒星的内核就会累积起显著的"碳余烬"。碳余烬外面是一个仍在进行氦燃烧的壳层,再外面是一个氢燃烧壳层,更外面则是尚未燃烧的以氢为主的包层

垂暮之星

恒星在爆发中丧失巨额能量,其残留物质失去了与引力抗衡的能力,于是星体在强大的引力作用下发生非常猛烈的"坍缩"。坍缩后的恒星体积变得很小,因而物质密度变得极其巨大。恒星坍缩后的具体归宿,则随它们的质量差异而各不相同。

恒星爆发后,如果发生坍缩的残留物质质量不超过太阳质量的 1.4 倍,那么最终将会坍缩成一颗白矮星。一颗质量与太阳相当的白矮星,体积不过像地球那么大。因此,像火柴盒那么大的一块白矮星物质差不多就有地球上的一辆卡车那么重。那么,白矮星的密度如此之高的原因究竟何在呢?

为了回答这个问题,我们先来看一下通常的原子结构。原子由原子核和电子组成。原子核位于原子的中心,几乎包含了整个原子的全部质量。但是,原子核的直径却只有原子直径的十万分之一。也就是说,100 000 个原子核一个挨着一个排列成一条直线,才有一个原子的直径那么长。另一方面,电子的质量虽然小得微乎其微,但是它们绕原子核转动的轨道大小却直接决定了整个原子的尺度。所以在正常情况下,每个原子的内部其实都是空空荡荡的,坚硬的实心部分只是一个非常非常微小的原子核。然而,白矮星内部情况就完全不同了。白矮星自身的强大引力把组成星体的原子都压碎了:电子被挤出原子,原子核和原子核相互挤在一起,因此整个星体的体积就大大地缩小了。处于这种状态下的物质称为"简并物质",它们会产生一种特殊的"简并压力"。在白矮星中,正由于电子的简并压力顶住了星体自身的引力,才使剧烈的坍缩最终停顿下来。

一颗恒星质量越大,引力就越强,它爆发后残留的物质也聚集得越紧密。如果爆发后残留物质的质量超过太阳质量的 1.4 倍,而又小于太阳质量的 3 倍,那么它就可以一直坍缩到这样的程度:本来在原子核外面的电子被挤入原子核里面,并和原子核内的质子结合成为中子。这时,整个星体几乎全部由互相挤在一起的大量中子组成,所以它的物质密度比白矮星还要高很多,可以达

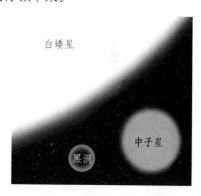

图6-10　白矮星、中子星和恒星级黑洞的大小比较

到每立方厘米上亿吨! 这类恒星就是"中子星"。在中子星内部,中子的简并压力与星体自身的引力相抗衡,最终制止了更进一步的坍缩。

中子星的存在,起初是几位天文学家在 20 世纪 30 年所作的理论预言。这一预言获得最终证实,则要归功于脉冲星的发现。20 世纪 60 年代,英国天文学家安东尼·休伊什为观测射电源闪烁而研制了一个巨大的射电干涉仪阵。它的天线阵占地面积达 18 000 平方米,工作频率为 81.5 兆赫(工作波长为 3.7 米)。这个射电干涉仪阵非常灵敏,而且时间分辨率也很高,因而能够捕捉和记录非常迅速的闪烁。

1967 年 7 月,休伊什 24 岁的研究生乔斯林·贝尔开始用这台仪器进行巡天观测。她从浩瀚的观测记录中发现有一个射电源很神秘:它发来的信号几乎完全由射电脉冲组成。到了同年 11 月,休伊什和贝尔已经确定:

这个射电源正在以 1.337 秒的极精确的脉冲周期辐射无线电波。它就是人们发现的第一颗脉冲星,名叫 PSR1919+21。后来,新发现的脉冲星不断增多,脉冲周期也各不相同。它们究竟是一些什么样的天体呢?

1968 年,美国天文学家托马斯·戈尔德指出,脉冲星其实就是天文学家巴德和兹威基早在 1934 年就预言存在的中子星;更具体地说,是快速自转着的中子星。它依靠消耗自身的自转能量而发出辐射,因此自转会逐渐变慢,辐射脉冲的周期也会缓慢地变长。

中子星为什么会产生脉冲辐射呢? 这与中子星的表面具有很强的磁场密切相关。在如此强大的磁场中,在中子星磁极附近高速运动的带电粒子,会沿着磁轴方向往外发出射电辐射。而当中子星的磁轴方向和自转轴的方向并不一致时,沿磁轴方向发出的辐射束就会像大海上的灯塔那样扫过周围的空间。倘若辐射束正好扫过地球,那么每扫过一次地球上的探测器就会接收到一次脉冲。因此,人们通常将脉冲星的辐射机制称为灯塔效应,脉冲星的脉冲周期实际上也就是中子星的自转周期。

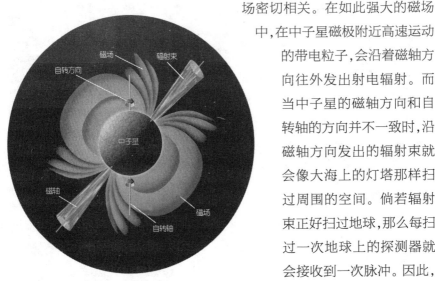

图 6-11 脉冲星实质上是高速自转的中子星。当中子星的磁轴方向同自转轴的方向不一致时,如果沿磁轴方向发出的辐射束正好扫过地球,那么地球上的探测器就会接收到一次脉冲

1974 年,休伊什因发现脉冲星而获得诺贝尔物理学奖。多年来,不时有人为乔斯林·贝尔未能分享这项大奖而鸣不平。但是,贝尔本人对此很坦然。她为科学作出的贡献和在荣誉面前的谦逊态度,深深地获得了人们的尊敬。

赫罗图上不同的区域代表着恒星的不同年龄。主序上的恒星正处于青壮年时期,红巨星是老年恒星,白矮星则处于风烛残年的垂死阶段。绝大多数恒星都分布在主序上,正好说明大多数恒星都处于青年和壮年时期。

恒星的寿命有长有短,但总的说来,它们的一生都是这样度过的。最后的那次爆发把组成恒星的大量物质重新抛入广袤的星际空间,又和那里原有的弥漫物质一起,成为产生新一代恒星的原料。

这里,还留下了最后一个问题:质量更大的恒星最终坍缩时,又会发生什么情况呢? 我们将在下一节中作出回答。

走向黑洞

要摆脱强大的引力,有一个办法,那就是以很快的速度运动。一百多年以前,法国作家儒勒·凡尔纳写了一本名叫《从地球到月球》的科学幻想小说,描述美国的一个俱乐部造了一门大炮,炮筒有 300 米长,炮弹的弹壳有 30 厘米厚。炮弹里坐着三个人,轰的一炮,就把这三个人送到了月球上。

其实,乘炮弹上月球是办不到的。往天上打的炮弹就像向上抛的一块石头,最后总要落回地面来,它们都摆脱不了地球的引力。设想我们有一门凡尔纳的大炮,炮弹出膛的速度达到 10 千米/秒,那么它就能上升到 25 000 千米那么高。这时,它离地面已经很远,地球对它的引力已经减弱到地面上的 1/25。但与此同时,上升到这一高度时炮弹的速度已经减小到零,它在地球引力的作用下依然会落回地面。

要使炮弹跑得更远,就得让它有更快的速度。如果不计空气的阻力,要让炮弹彻底战胜地球的引力,就必须使炮弹以 11.2 千米/秒的速度射出炮膛。这样,炮弹就可以摆脱地球的引力,飞向太空,一去不复返了。

现在我们想象把炮筒转过 90°,让它

图 6-12　儒勒·凡尔纳的科幻小说《从地球到月球》中文版封面(中国青年出版社,1979 年)

和地面平行,再发射炮弹。牛顿在 300 多年前就写道:"如果在山顶上架一门大炮,用火药的力量把一颗炮弹沿水平方向射出去。炮弹在落地以前,就会沿着一条曲线飞过一段距离。假定没有空气阻力,我们使炮弹的速度加倍,它的飞行距离差不多也会加倍;如果速度增加 10 倍,飞行的距离也会增加 10 倍。只要增加速度,就可以任意增加飞行的距离。因此,只要速度加大到一定程度,就可以使炮弹绕着地球转,甚至飞入宇宙空间。"

图 6-13　中国的第一颗人造地球卫星"东方红一号"

牛顿的想法完全正确。炮弹的速度达到 7.9 千米/秒,就能绕着地球转圈子,成为地球的人造卫星。7.9 千米/秒称为地球的"环绕速度",或者第一宇宙速度。11.2 千米/秒则称为地球的"逃逸速度",或者第二宇宙速度。炮弹达到这一速度,就会永远离开地球,进入宇宙空间。当然,真正的炮弹并不能达到这么快的速度,但宇宙飞船可以做到,而且甚至能飞得比 11.2 千米/秒更快。

现在,让我们回到恒星世界中来。太阳的质量和引力都比地球大得多,它的环绕速度是 437 千米/秒,逃逸速度是 618 千米/秒。因此,假如我们想到太阳上去旅行的话,就得仔细考虑,使回程飞船达到每秒几百千米的速度,否则你就无法克服太阳的巨大引力,回不了老家啦。

中子星的物质密度极其巨大。一颗质量与太阳相当的中子星,其逃逸速度竟达到约 192000 千米/秒。可见,中子星上的物质要摆脱它的控制,是极为困难的。

不过,至少有一样东西能够做到这一点,那就是光。光在真空中以299 793 千米/秒的速率行进。其他波段的电磁辐射也是如此,这正是我们能够探测到中子星的原因。

一颗中子星的质量越大,引力也就越强。如果这种引力极强的话,它会不会把组成这颗中子星的那些中子全部压碎呢?

1939 年，美国物理学家罗伯特·奥本海默指出，如果一个坍缩中的天体，质量超过太阳质量的约 3 倍，那么当它坍缩的时候就不仅会压碎原子，而且还会压碎中子。而在中子被压碎以后，就没有东西能制止这个天体的进一步坍缩了。

设想有一个质量超过 3 倍太阳质量的天体坍缩了，这时它的全部引力并没有改变。如果你离这个坍缩中的天体很远，那么在整个坍缩过程中，你并不会意识到发生了什么事情。

然而，设想你正好站在这个天体的表面上，并且在坍缩的过程中始终停留在它的表面，那么随着坍缩的继续进行，你离该天体的中心便越来越近，因此会感受到越来越强大的引力拉曳，你的体重就会变得越来越重。与此同时，该天体的逃逸速度也变得越来越大了。

这一点特别重要。当一个天体坍缩到超越中子星的阶段，它的逃逸速度一直上升到超过 299 793 千米/秒时，光和一切形式的电磁辐射就都不能脱离这个天体了。如果太空中某个地方真有这样一个奇特的天体，那么任何东西只要很靠近它，就会被它的引力俘获，直到最后掉入这个天体之中。而不论什么东西，只要一掉进去就再也出不来了。

这样的天体称为"黑洞"。这个名字的第一个字"黑"，表明它不向外界发射和反射任何光线或其他形式的电磁波，它是绝对"黑"的。第二个字"洞"，意思是说任何东西一旦进入它的边界就无法复出，它活像一个真正的"无底洞"。

当一个球状天体刚好坍缩到连光也无法逃逸的时候，它的表面到中心的距离就叫做施瓦西半径，这是由德国天文学家卡尔·施瓦西首先计算出来的。如果太阳坍缩成一个黑洞，那么它的施瓦西半径仅约为 3 千米。黑洞的表面称为它的"事件视界"，也经常简称为黑洞的"视

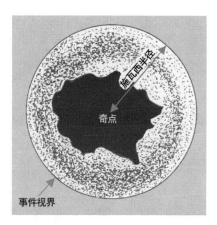

图 6-14　施瓦西黑洞的事件视界和奇点示意图

界"。在视界内部，所有的物质仍在引力的支配下继续往里挤，一直挤向一个单一的点，即所谓的"奇点"。

也许有人要问：假如用一盏威力巨大的探照灯向黑洞照去，它不就原形毕露了吗？不。射向黑洞的光无论有多强，都会被黑洞全部"吃掉"，而没有一点反射。"洞"，依然是"黑"的。

20世纪60年代与70年代之交，科学家们还查明，远方的观测者观测任何黑洞，能够探测到的物理量只有三个，即质量、电荷和角动量。也就是说，黑洞具有质量，可能带电，还可以旋转，此外就不具备任何繁琐的特征了。这就是著名的"黑洞无毛定律"。"无毛"的寓意就是没有任何繁琐的东西。

随着科学的发展，人们的认识逐渐深化。如今，关于黑洞的更正确的说法是这样的：

"黑洞是爱因斯坦在20世纪初创立的引力理论——广义相对论预言的一种特殊天体。它的基本特征是有一个封闭的边界——即视界；外界的物质和辐射可以进入视界，视界内的东西却不能跑到外面去。"

质量 电荷 角动量

图6-15 "黑洞无毛定律"说的是一切东西掉进黑洞都将被彻底粉碎，不会留下任何结构细节，因此外界能够探测到的黑洞物理量仅有三个：质量、电荷和角动量

　　天文学家们认为，宇宙间应该有三种不同类型的黑洞。第一种是"恒星级黑洞"。恒星到了晚年，核燃料全部耗尽，于是在自身的引力作用下坍缩。如果坍缩物质的质量超过太阳质量的 3 倍，那么坍缩的结果就既不是白矮星，也不是中子星，而是形成黑洞。

　　第二种是"星系级黑洞"。包括太阳在内的 2000 多亿颗恒星组成了一个庞大的恒星系统——银河系。宇宙中像银河系这样的恒星系统数以百亿计，它们统称为星系。在星系的中心部分，恒星非常密集，容易发生大规模的碰撞和合并，结果形成一些质量极其巨大的天体。这种超大质量的天体可以坍缩形成质量超过太阳 1 亿倍的黑洞。

　　有趣的是，如果物质的密度固定不变，而把越来越多的东西堆积到一起，那么这堆物质的总引力就会随着质量的增大而越来越强，到头来，它的引力也会强到连光都不能逃逸的程度。例如，倘若把质量像 1.4 亿个太阳那么多的水集中起来做成一个"大水滴"，那么它就会成为一个黑洞。这个水滴黑洞的直径大约有 8 亿千米。可见那些质量特别巨大的黑洞，体积往往很庞大，物质密度却未必很大。

图 6-16　椭圆星系 M87 位于室女座，距离我们约 5000 万光年，直径约 12 万光年，其核心可能有个质量达 90 亿倍太阳质量的超大黑洞

第三种是"原生黑洞"。本书后文将会介绍宇宙的整体膨胀和宇宙的身世——宇宙的起源和演化。对此,当前被普遍采纳的一种理论叫作"大爆炸宇宙论"。按照这种理论,宇宙诞生时的"大爆炸"把一些物质挤压得极其紧密,这就形成了原生黑洞。原生黑洞通常只有一个基本粒子那么大(10^{-13} 厘米),可是质量竟和一颗小行星差不多。

图6-17　被世人称为"轮椅天才"的英国科学家斯蒂芬·霍金(1942—2018)

黑洞虽然无法直接观测到,但是它的强大引力会影响附近天体的运动,于是人们可以根据那些天体的运动情况反过来推测黑洞的存在。另一方面,当外界的物质落向黑洞时,在行将掉进黑洞的视界之前,会释放出大量的 X 射线和γ射线,因此这类高能电磁辐射也成了搜寻黑洞的重要线索。例如,有一个名叫"天鹅座X-1"的强 X 射线源,很可能就包含着一个超过 3 倍太阳质量的恒星级黑洞;在一个名叫 M87 的椭圆星系的核心,则可能存在一个质量比太阳大 90 亿倍的星系级黑洞。

有趣的是,20 世纪 70 年代以来,以"轮椅天才"英国物理学家霍金为代表的一些科学家发现,黑洞具有一种完全出乎意料的特征,即它会像"蒸发"那样稳定地向外发射粒子。这样一来,黑洞就不是绝对"黑"的了。

霍金还证明,每个黑洞都有一定的温度,而且温度的高低和黑洞的质量大小成反比。也就是说,大黑洞的质量大,因而温度低,蒸发很微弱;小黑洞的质量小,温度高,蒸发就很强烈,类似于剧烈的爆发。一个质量像太阳那么大的黑洞,大约需要 10^{66}("1"后面跟着 66 个"0"!)年才能蒸发殆尽,但是原生小黑洞却会在 10^{-22}(100 万亿亿分之一)秒钟内蒸发得一干二净。蒸发使黑洞的质量减小,质量减小了又使黑洞的温度升高;温度高了,蒸发又进一步加快……这样下去,黑洞的蒸发就越来越剧烈,最终以一场猛烈的爆发而告终。

这种不断向外喷射物质的天体,常被称为"白洞"。根据爱因斯坦的广义相对论,白洞确实有可能存在。白洞的基本特征正好和黑洞相反:白洞内部的物质可以流出视界,外界的物质却不能通过视界进入白洞。也就是说,白洞可以向外界提供物质和能量,却不吸收外部的任何物质和辐射。

当然,宇宙中是否真有白洞? 如果白洞当真存在,它们究竟是如何形成的? 这些问题都还需要更深入地探索。

银河和银河系

银河,是天穹上一条白茫茫的光带,形状不甚规则,亮度大致均匀。在晴朗无月的夜晚,你可以看见它斜贯长空,从一方的地平线一直伸展到另一方的地平线。

我国古人很早就注意到了银河,《诗经》中已经不止一次地提到它。人们还陆续为它取了许多富有诗意的名字:最常用的是"银河",其次是"天河""星河""天汉"和"银汉"。银河那白茫茫的颜色很容易使人想起"银",其外观活像是天上的一条"河"。这里的"汉",还是"河"的意思。

图 6-18　夜空中的银河胜景

"星河"这个名字也很吸引人,古代许多大诗人都乐于以"星河"入诗。例如,苏轼的"星河澹欲晓"(《江月》),"北户星河落短檐"(《远楼》);贾岛的"露滴星河水"(《题刘华书斋》),元稹的"星河似向檐前落"(《以州宅夸于乐天》),如此等等。

古代印度人对银河的看法很奇妙。他们认为它就像一条道路,让人间的灵魂沿着它走,一直走到天堂。

古代西方人对银河的看法与东方人颇有差异。古代拉丁语中银河称为 via lactea,意思是"乳汁之路"。后来,英语也按同样的方式来称呼它,这就是英语中把银河称为 the Milky Way(乳色的路)的缘由。

在古老的罗马神话中,银河的起源是这样的:大神朱庇特把他在凡间生的一个孩子接到天上,并派人把这孩子送到天后朱诺那里,让孩子吮吸天后的乳汁。当仆人突然把孩子送到朱诺胸前时,她不由得吃了一惊,身体几乎失去平衡,致使奶水四溢,形成了天空中的银河。

图 6-19 意大利画家丁托列托(1518—1594)作于 1577—1578 年的名画《银河的起源》

意大利文艺复兴时期的最后一位人文主义画家丁托列托,有一幅名画《银河的起源》,主题就取材于上述古罗马神话,他在这幅画中运用复杂的光线变化,出色地显示了朱诺明亮的躯体在运动中失去平衡的意味。

银河究竟是什么? 1609 年,伽利略将他自制的天文望远镜指向了银河,看到银河原来是密密麻麻聚集在一起的大片恒星。

进一步阐明银河的本质,要归功于威廉·赫歇尔的非凡成就。赫歇尔是制造天文望远镜的一代宗师,破天荒地在太阳系中发现了第一颗新行星——天王星,但他最伟大的成就却属于恒星天文学的范畴,因此人们很公正地尊称他为"恒星天文学之父"。

赫歇尔首创了大规模的双星研究工作；观测、记录和研究了大量的"星团"和"星云"。他于 1783 年巧妙地论证了太阳正以 17.5 千米/秒的速度朝着武仙座的方向前进。对此，他说道："我们无权假设太阳是静止的，这正和我们不应否认地球的周日运动一样。"就这样，赫歇尔又比哥白尼前进了一大步：哥白尼否定了地球是宇宙的中心，却用太阳代替了它。而根据赫歇尔的发现，人们很自然地就会得出结论：太阳也不是宇宙的中心。也许，宇宙根本就没有什么"中心"吧？

赫歇尔希望弄清"宇宙的结构"。他采用的方法是用天文望远镜朝天空的各个方向观测，并且一颗一颗地数出在各个方向上看到的星数。当然，想要在望远镜中看遍全天的恒星并数出全部的星数，那是不切实际的。于是，赫歇尔挑选了 683 个天区，它们恰当地分散在他能看到的整个天空中。赫歇尔从 1784 年开始恒星计数工作，在 1083 次观测中一共数出了 117600颗恒星。他发现越靠近银河，天空中的恒星数目就越多，银河平面内的星星最多，而在与之垂直的方向上星星的数目最少。

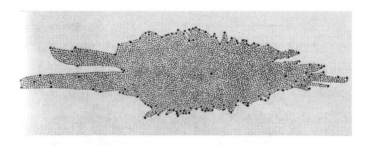

图 6-20　威廉·赫歇尔通过恒星计数所推断的银河系截面图

通过这样的恒星计数，赫歇尔推断：满天的恒星实际上构成了一个极其庞大的系统，我们的太阳——带领着太阳系的全体成员——也身处其中。这个巨大的恒星系统大致呈透镜状，其直径约为太阳到天狼星距离的 850倍，厚度则为太阳到天狼星距离的 150 倍。后来查明，赫歇尔当初的估计比实际情况还小了许多。

由于这个庞大的恒星系统的大部分成员都位于银河中，人们就将这个恒星系统称作"银河系"。可以说，赫歇尔乃是第一个真正发现了银河系的人。他根据实际计数的结果推测银河系中恒星的总数也许多达若干亿。然而,这又是一个过于低估的数字。

20世纪初,荷兰天文学家卡普坦在现代天文学的基础上重新进行恒星计数工作,并于1922年据此提出一种新的银河系模型,其样式与赫歇尔的模型颇为相似,但直径大了4倍,即银河系的直径大约是40 000光年。然而,这个数字实际上还是太保守。

如今我们已知,银河系由2000多亿颗恒星组成,其主体部分外形确实像一个透镜,或者说像乐队中用的大钹,中央鼓起的部分叫核球,四周扁薄的部分叫银盘。在主体部分外围还有一个大致呈球状的银晕,银晕中恒星的分布要比银盘中的恒星稀疏得多。整个银河系的直径估计在10万光年上下,太阳离银河系中心约27000光年,大致位于银河系的对称平面上。我们在银河系内部观看四面八方的星星,宛如一个躲在巨钹中的人环视这只巨钹的四周。他在巨钹内只能看见一个完整的环带围绕着自己,而无法一眼看出它的全貌。"不识庐山真面目,只缘身在此山中",说的正是同样的道理。

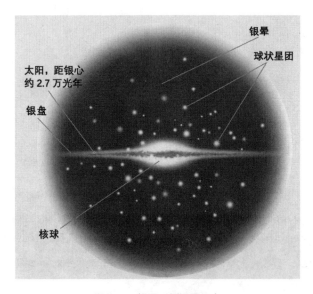

图6-21　银河系侧视图示意

河外胜景

这是科学史中最发人深省的部分。科学史的编纂中连篇累牍地写着它的成功、深谋远虑的发现、辉煌的推导，或者有如牛顿和爱因斯坦的奇迹般的跃进，这是可以理解的。但是我认为，如果不了解科学中的险阻，即多么容易走上歧途，多么难以知道走完一步之后应该迈向什么地方，那就不可能真正理解科学的成就。

——斯蒂文·温伯格：《最初三分钟：宇宙起源的现代观点》◈

图7-1　斯蒂芬五重星系是法国天文学家爱德华·斯蒂芬在1877年发现的一个星系群，位于飞马座。其中有4个星系（NGC 7319，NGC 7318A，NGC 7318B 和 NGC 7317）相互间发生剧烈的撞击，它们都有扭曲的尾部，距离地球约2.8亿光年。左下方的NGC 7320距离地球仅约4000万光年，实际上与其他4个星系并无物理上的联系

◈ 斯蒂文·温伯格（1933— ），美国物理学家。因对基本粒子的电弱统一理论作出的贡献，与另外两位科学家分享了1979年诺贝尔物理学奖。此处的引文，是他对宇宙微波背景辐射发现史的评述。

举世闻名的报告会

图 7-2　仙女座大星云在法国天文学家夏尔·梅西叶编制的星云星团表中列为第 31 号,故又名 M31

伽利略发明天文望远镜之后 3 年,德国天文学家西蒙·马里乌斯于 1612 年 12 月从自己的望远镜中看到仙女座中有一颗"恒星"有些异样:它不像其他星星那样呈现为一个明锐的光点,而是一块小小的雾状亮斑。他觉得它活像"透过一个灯笼的角质小窗看到的烛焰"。在无月的晴夜,远离人为光源的干扰,视力正常的人用肉眼也可看出它是一个暗弱的光斑。这就是仙女座大星云。

天文学家面临的问题是:仙女座大星云的本质究竟是什么?

早在 18 世纪中叶,德国哲学家伊曼纽尔·康德、英国学者托马斯·赖特等人已经各自猜测,天空中的银河和满天的恒星一起构成了一个巨大的天体系统。威廉·赫歇尔的恒星计数工作证实了这一猜测,那个由大量恒星组成的天体系统就是银河系。康德等人还预言在整个宇宙中存在着无数个与此类似的天体系统。康德认为,那些云雾状的"星云"很可能就是这样的天体系统,他称它们为"岛宇宙"。

在众多的星云中,尤其令人困惑的正是像仙女座大星云那样的"旋涡星云"——它们的外观呈现出某种明显的旋涡状结构。它们的光谱和普通恒星的光谱很相似,但即使用当时最大的天文望远镜仍无法分辨出其中的单个恒星。因此,人们对它们的本质长期争论不休。问题的要害是:它们究竟是位于银河系内、由气体和尘埃构成的真正的星云类天体,还是远远位于银河系外、与银河系相似的"岛宇宙"?

图 7-3　哈勃空间望远镜拍摄的 M101 图像。M101（又名 NGC 5457）位于
大熊座中，距离地球约 2100 万光年，直径约 17 万光年，比银河系大得多。M101
几乎是正面朝向地球，旋涡状结构非常清晰，因其形似风车，故又名"风车星系"
（来源：哈勃空间望远镜网站）

　　1920 年 4 月 26 日，美国国家科学院专门为这一问题举行一场举世闻
名的报告会，针锋相对的双方都是当时天文学界的"大腕"：希伯·道斯特·
柯蒂斯和哈洛·沙普利。柯蒂斯主张"这些旋涡星云不是银河系内的天体，
而是像我们自己的银河系那样的岛宇宙；作为银河系外的恒星系统，这些
旋涡星云向我们指示了一个（比先前想象的）更为宏大的宇宙，我们的目光
贯穿其中的距离也许可达 1000 万乃至 1 亿光年。"沙普利拒绝这一结论，并
坚持认为没有理由"去修改当前的假设，即旋涡星云根本不是由典型的恒
星构成，而是真正的星云状天体。"

　　辩论的双方谁也说服不了谁。有幸揭开旋涡星云本质之谜的是杰出

的美国天文学家埃德温·鲍威尔·哈勃。

哈勃登场

图 7-4 埃德温·鲍威尔·哈勃（1889—1953）是一位擅长多项运动的体育高手

1889 年 11 月 20 日,哈勃出生于一个律师家庭。在高中时代,他就表现出学业上和体育上的才能。16 岁那年,哈勃获得奖学金赴芝加哥大学就读。在那里,他深受著名天文学家海尔的影响,激发了对天文学的强烈兴趣。

1910 年,哈勃从芝加哥大学天文系肄业,同年获奖学金前往英国牛津大学王后学院。他在牛津攻读法律,两年后获文学学士学位,第三年又改攻西班牙语。他被选拔为牛津大学径赛队员,而且据说拳击也具有专业水平,并在一场表演赛中与当时如日中天的法国拳王卡庞捷交手。

1913 年,哈勃回到美国。因对律师行业兴趣不大,便在 1914 年回到自己真正爱好的天文学上,前往叶凯士天文台成为著名天文学家埃德温·布朗特·弗罗斯特的助手和研究生,并于 1917 年获得博士学位。海尔注意到哈勃的天文观测才能,便建议他去威尔逊山天文台工作。然而,当时第一次世界大战尚未结束,哈勃应征入伍,晋升至少校军衔,战后曾留驻德国。1919 年 10 月,他回到美国,随即赴威尔逊山与海尔共事,此时他正好 30 岁。

20 世纪 20 年代初,哈勃在威尔逊山天文台利用当时落成未久、世界上最大的口径 2.54 米反射望远镜(即胡克望远镜),拍摄了一些旋涡星云的照片,终于在仙女座大星云的边缘部分分解出大群的单个恒星,并在几个星云的外围区域辨认出许多造父变星。

造父变星的光度变化很有规律：光变周期越长的造父变星，其发光能力也越强。据此，人们只要测出一颗造父变星的光变周期，就可以推算出它的实际发光能力——即它的绝对星等，再把绝对星等和它的视星等进行比较，就不难进一步推算出它与我们的距离。对于遥远的旋涡星云来说，只要测出其中的造父变星与我们的距离，也就相当于知道了整个星云的距离。

图 7-5　哈勃在考察天文照相底片

1925 年元旦，在美国天文学会和美国科学促进会联合召开的一次会议上，宣布了哈勃利用造父变星得到的下述结果：仙女座大星云 M31 和三角座旋涡星云 M33 与我们的距离均为 90 万光年。当时已知银河系的直径约为 10 万光年，因此 M31 和 M33 必定都远远位于银河系之外。

哈勃本人并未到会，但他的这篇论文却得到了美国科学促进会为这次会议设立的最佳论文奖。多年以后，一位当年与会的天文学家回忆道，哈勃的论文一经宣读，整个美国天文学会当即明白，关于旋涡星云的这场辩论业已告终，宇宙学的一个启蒙时代已经开始。当时，沙普利和柯蒂斯都在会场。

宇宙学是把宇宙作为一个整体来研究其结构、成分、起源和演化的科学。先前，这主要是理论家们的天地。哈勃则开辟了一条全新的研究途径，即观测宇宙学。从此，观测天文学家就可以沿着两条路线继续前进：一是详细研究单个星系的性质，另一是综合研究大量星系的空间分布与运动特征。在这两个方面，哈勃本人都是一位光彩夺目的先驱者。

星系世界

在科学研究中,将大量的研究对象进行分类,是一种很重要的方法。在生物学中,动物和植物的分类是大家都熟悉的。其实,在天文学中也是这样。我们在前文中曾谈到恒星的分类。现在,哈勃又将分类法用到了"星云"上。

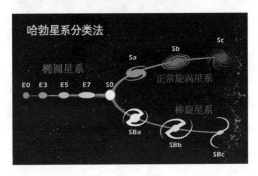

图7-6　哈勃星系分类法和形态序列图,即著名的"音叉图"

1922年,哈勃将星云分为"银河星云"和"非银河星云"两大类,它们又各分为若干次类。1926年,哈勃发表了经扩充修订的新的星云分类法。后来他再次增订,并发表了著名的"星云形态序列"图。此图因形似音叉,故常被称为"音叉图":一条叉臂由舒展程度渐次递变的正常旋涡星云构成,另一条叉臂则由中心部分具有某种棒状结构的棒旋星云构成。椭圆星云形成叉柄,球形的E0处于底端,透镜形的E7在柄与叉臂交接处的下方,柄与臂的交接处则是一种多少带有假设性的类型S0。

在哈勃的时代曾经广泛使用的术语"河外星云"("河外"的意思是"在银河系之外"),多年后渐渐地被更恰当的新名称"河外星系"(常简称为"星系")取代了,就连仙女座大星云也已改称为"仙女座星系"。哈勃的形态分类和形态序列几乎未作什么修改就被广泛地沿用到了今天。如今,它的正规名称是"星系形态的哈勃序列"。而且,人们果然发现了哈勃当初设想存在的许多S0型星系,并正式称它们为"透镜状星系"。

哈勃序列在纷繁庞杂的星系王国中引入了秩序,它表明众多的星系乃是同一家族中互有联系的成员。他的星系形态序列,仿佛是为人们在这个神奇世界中提供了一幅寻胜探幽的导游图。

仙女座星系是人类证实的第一个河外星系,它比银河系更大,大约包

图 7-7　斯皮策空间红外望远镜拍摄的棒旋星系 NGC 1097 图像。这个星系距离我们约 5000 万光年，中央的"瞳孔"是一个巨大的黑洞，周围有气体和恒星环绕，长长的旋臂上恒星密布。我们银河系的形状同它非常相似

含 3000 亿~4000 亿颗恒星。在哈勃之后，进一步的研究表明，仙女座星系与我们的距离其实远达 220 万光年，但它还是银河系的近邻。

现在已知亮于或等于 23 星等的河外星系总数多达 10 亿以上。哈勃本人曾经说过："星云是孤立于太空之中的恒星群，他们在宇宙中漂泊，犹如夏日天空中飞动着的蜂群，越过其边界，可以一直看到宇宙中遥远的地方。"

图 7-8　旋涡星系 NGC 891 位于仙女座中，直径约 10 万光年，距离我们约 3000 万光年，几乎完全以侧面向着地球

图 7-9　乌鸦座中的触须星系是原本独立的两个星系相撞形成的，距离我们约 6800
万光年。因为星系中的恒星彼此相距极远，所以两个星系碰撞时其中的恒星彼此并不直
接相撞，而是互相穿越而过。触须星系因外观似触须而得名，这次碰撞已经持续了上亿年

　　哈勃当初对星云进行分类时，曾经将椭圆星云称为"早型星云"，将旋
涡星云称为"晚型星云"。"早"和"晚"似乎暗示着对星云年龄的猜测。随
着哈勃序列的由"早"到"晚"，星系的颜色逐渐由"红"到"蓝"，即椭圆星系
要红一些，旋涡星系则蓝一些。这说明在一般情况下，椭圆星系的年龄确
实要比旋涡星系老一些。

　　另一方面，早在 20 世纪 40 年代，就有天文学家指出，旋涡星系的旋臂上有
许多年轻恒星，它们的寿命较短。随着这些恒星的消失，旋臂就不复存在，于是
旋涡星系就变成了椭圆星系。如此说来，椭圆星系反倒比旋涡星系更"晚"了。

　　然而，也有可能不同年龄的星系彼此间并不存在任何演化关系。有些
天文学家认为，在星系形成时，如果旋转的角动量很大，就形成旋涡星系；

如果角动量较小，就形成椭圆星系。另一些天文学家则认为，星系的形态不是由角动量、而是由形成星系的原始云的物质密度决定的，密度大的形成椭圆星系，密度小的形成旋涡星系。

由此可见，关于星系的起源和演化，还有许多问题尚待澄清。这正是21世纪天文学家的一项重要任务。

上面谈到的，都是"正常星系"。另外还有一大类"活动星系"，从20世纪中后期开始受到天文学家越来越密切的关注。在活动星系中，通常都存在着种种激烈的物理过程，例如冲击波、喷流等，同时在电磁波的各个波段释放出比正常星系多得多的能量。这些激烈的物理过程主要集中在星系的核心部分，所以天文学家们经常会使用"活动星系核"这个名称。活动星系种类很多，最著名的一类就是"类星体"。关于这类天体的故事，我们留待介绍"哈勃定律"之后再来讲述。

图7-10　特殊椭圆星系半人马A（即NGC 5128）距地球1300万光年，是离我们最近的活动星系。它的尺度为60 000光年，中间那条非常浓密的尘埃带，在可见光波段几乎完全遮蔽了该星系的中心部分。这个特殊星系是两个正常星系碰撞的结果，碰撞期间大量气体—尘埃形成了许多年轻恒星

更大的结构

　　起初，人们以为星系在宇宙中的分布是均匀的：如果把一个星系比作一粒灰尘，那么宇宙中的星系就像空气中的灰尘一样到处都有，而且互不相关地各自运动着。20 世纪中叶，天文学家们逐渐认识到星系往往聚众结伴，少则三五成群，多者成千上万。在银河系周围约 1 亿光年的范围内，存在着 50 多个星系团。宇宙似乎主要由星系团构成，而不是由单个星系构成。

　　银河系本身和它附近的 40 来个星系，一起组成了"本星系群"。其中个儿最大的是仙女座星系 M31，第二是银河系，第三是三角座星系 M33，其他成员星系都远比这 3 个星系小得多。整个本星系群的直径约为 330 万光年。

　　图 7-11　后发星系团位于后发座中，与地球相距约 3.5 亿光年，中心部分多为巨大的椭圆星系，现已确认的星系超过 1000 个，成员星系的总数可能逾万。团中最亮的 10 个旋涡星系视星等在 12—14 等之间

　　在 20 世纪 70 年代以前，多数天文学家认为星系团均匀地散布在宇宙中。可是，20 世纪 80 年代以来天文学的巨大进展再一次改变了人们的观念。原来，宇宙中的星系团往往进一步聚集成规模更大的"超星系团"。现在已经知

道，星系团的外形大致呈球状，而超星系团的形状却近乎网状或线状。星系团仿佛是一颗颗珠子，它们串起来，形成超星系团。最大的超星系团长度超过10亿光年。天文学家还发现，各个超星系团之间往往是一些物质很稀少的巨大空间区域，它们被称为"巨洞"。星系团和超星系团就位于"洞壁"上。

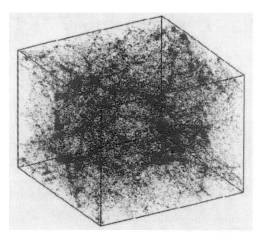

图 7-12　宇宙大尺度结构的三维示意图。宇宙具有蜂窝状或海绵状的结构，其中有许许多多由星系组成的"细丝""薄壁"和"巨洞"，有的巨洞直径可达星系团的50倍

与巨洞相反，宇宙中还存在一些比超星系团更大的结构。其中最著名的是距离我们 3 亿多光年处的一个极其巨大的片状星系密集区域，它的长度约5.5亿光年，宽约1.9亿光年，厚约1600万光年，宛如一道巨大的墙，因而被称为"星系巨壁"，又称"星系长城"。整个宇宙这块硕大无朋的"海绵"上有许多巨洞，但它们又全都连在一起，否则整块海绵也就不存在了，超星系团就担负着连接巨洞的重要使命。

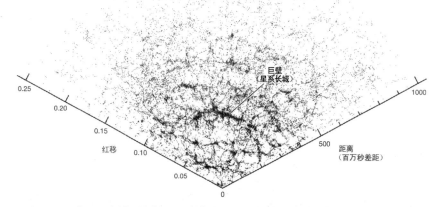

图 7-13　"星系巨壁"又称"星系长城"，长约 5.5 亿光年，厚约 1600 万光年。图中表现的是一个二维"切片"，地球上的观测者位于 0 处，右侧的坐标表示距离（单位是兆秒差距）

那么,宇宙中这些庞大的结构究竟是怎样产生的呢?

这还得从宇宙早年的历史中寻找原因。早先,宇宙中物质的分布曾经相当均匀,星系和星系团都还没有诞生。但是,宇宙中物质的分布又不可能绝对地均匀,总有一些地方物质稍密一点,也有些地方物质稍稀一些。物质密度特别大的地方对周围其他物质的引力也特别强,于是那里就吸引了更多的物质,密度就变得更大,这样一来,它们吸引周围物质的力量又变得更加强大……最后,那些物质密度特大的地方就逐渐形成了星系、星系团、超星系团和巨壁,在它们周围剩下的物质就非常稀少,结果成了巨洞。

话虽然这么说,留下的问题却不少。例如,究竟这整个过程中是先形成许多星系,再由这些星系聚集成星系团和超星系团呢,还是先形成像超星系团那么大的一团物质,然后再碎裂成许多星系团,最后又碎裂成众多的星系?

巨洞、巨壁、超星系团等宇宙大尺度结构如何形成的细致过程,是当代天文学中最关键的问题之一。为了彻底揭开这个疑谜,人类还得继续不懈地努力。

哈勃定律

在天文学中,通常将人类用最大的天文望远镜观测所及的整个范围称为"可观测宇宙"。随着天文望远镜的威力不断增强,可观测宇宙的尺度也在不断扩大。可以说,一部现代宇宙学史,就是人类在现代科学技术的基础上,对可观测宇宙的认识不断深化的历史。

1917年,爱因斯坦发表了论文《根据广义相对论对宇宙学所作的考察》,这标志着现代理论宇宙学的开端。同年,在天文观测方面,美国天文学家斯莱弗发现,他测量的十几个旋涡星云的光谱线大多有相当大的红移,即光谱线的波长变长。这表明那些旋涡星云正在以巨大的速度远离我们而去。但是,当时人们无法理解事情为什么会这样。

20世纪20年代,苏联数学家亚历山大·亚历山德罗维奇·弗里德曼和比利时天文学家乔治·爱德华·勒梅特各自以广义相对论为基础,从理论上论证了宇宙随时间膨胀的可能性。1929 年,哈勃利用远比斯莱弗更可靠、也更广泛深入的天文观测结果,发表论文《河外星云距离与视向速度的关系》,论证了河外星云的距离越远,它退离我们而去的运动速度就越大,两者之间存在着良好的正比关系。这就是举世闻名的"哈勃定律"。

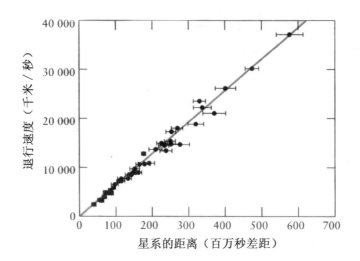

图 7-14　近年来的一幅"哈勃图",横坐标是星系的距离(单位是兆秒差距),纵坐标是星系远去的"退行速度"(单位是千米/秒)。退行速度与星系距离成正比就是著名的"哈勃定律"

　　如果我们用 r 代表星系与我们的距离,v 代表星系退行的速度,那么两者之间的关系就是:

$$v = H_0 \cdot r$$

上式中的比例常量 H_0 就称为"哈勃常量"。1930 年,英国天文学家阿瑟·斯坦利·爱丁顿把哈勃的这项发现解释为宇宙的膨胀效应,也就是说,哈勃定律为宇宙的膨胀提供了首要的观测证据。

　　上两节中已经提到类星体是最著名的一类活动星系,现在我们再来补叙它的发现过程。1960 年,美国天文学家艾伦·桑德奇发现,在一个名叫 3C48 的天体的光谱中,有一些又亮又宽的发射线,它们在光谱中的位置很奇怪,长达 3 年之久,始终没有人能够识别。1963 年,旅美荷兰天文学家马

图 7-15 美国天文学家艾伦·桑德奇（1926—2010）是继哈勃之后最有声望的星系天文学家和观测宇宙学家

丁·施密特又发现，3C273 这个天体的光谱也和 3C48 相似。他详细研究了 3C273 的光谱，结果惊奇地发现：那些令人困惑的发射线原来就是普通的氢光谱线，但是它们具有非常大的红移。新发现的这类天体，即使利用大型天文望远镜观测，也只是恒星似的微小光点。人们称它们为"类星体"，意思是"类似恒星的天体"。如今发现的类星体已经数以万计。按照"哈勃定律"，类星体光谱线的巨大红移就意味着它们的距离极其遥远，因此决不是银河系内的恒星。

类星体如此遥远却仍能被我们观测到，这表明它们的发光能力必定要比普通的正常星系强成千上万倍。起初，人们无法想象它们的巨大能量究竟来自何方，就把这个难题叫作类星体的"能源困难"。后来科学家们设想，类星体的中心有一个大质量的黑洞。这个黑洞以不可抗拒的强大引力吞噬着周围的物质，同时释放出巨额的能量。如果这种想法最终被证实，那么类星体的能源困难也就不复存在了。

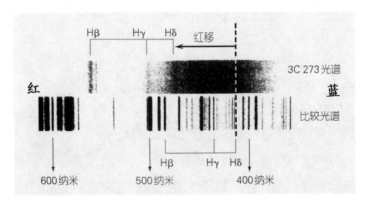

图 7-16 类星体 3C 273 的光谱线红移。下方的比较光谱表明当光源静止不动时，相应的谱线在光谱中所处的位置

膨胀宇宙和大爆炸

河外星系都在远离"我们"而去,并不意味着我们处于"宇宙的中心"。造成无数星系四散离去的原因,是宇宙正处在一种整体膨胀之中。这种膨胀使得所有的星系并非只是远离"我们"而去,而是相互之间都在彼此分离。你到任何一个星系上去,都会看到同样的情景。这有如一只镶嵌着许多葡萄干的面包正在不停地膨胀,那么面包中所有的葡萄干就会彼此分离得越来越远。

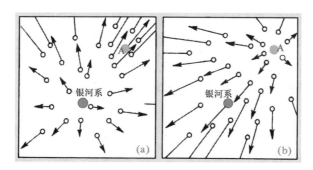

图 7-17　星系都在彼此四散远离:(a)从银河系观察,(b)从任何一个星系 A 都会看到同样的情景

宇宙膨胀这一崭新的科学思想深深动摇了宇宙静止不变的陈旧观念,它是 20 世纪科学中意义最为深远的杰出成就之一。问题是:造成这种不可思议的超级膨胀的原因是什么? 这种膨胀究竟始于何时?

可以想象,既然星系都在彼此四散分离,那么回溯过去,它们就必然比较靠近。如果回溯得极为古远,那么所有的星系就会紧紧地挤在一起。也许,我们的宇宙就是从那时开始膨胀而来,也许那就是宇宙的开端?

首先这样描绘宇宙开端的是比利时天文学家勒梅特,他设想那个极其致密的原始天体在一场无与伦比的爆发中爆炸了,爆炸的碎片后来成了无数个星系,它们至今仍在继续向四面八方飞散开去。因此,宇宙的膨胀,星系彼此匆匆分离,都是那个"原始原子"爆炸的直接结果。

图 7-18 俄裔美国物理学家乔治·伽莫夫（1904—1968）

1948 年，俄裔美国物理学家乔治·伽莫夫等人继承并发展了这种想法。他们计算了那次爆炸的温度，计算了随着宇宙的膨胀温度下降得有多快，计算出应该有多少能量转化成各种基本粒子，进而又怎样变成了各种原子等等。人们后来把最初的那次爆发称为"大爆炸"，这种宇宙起源学说则称为"大爆炸宇宙论"。根据种种线索推算，大爆炸发生在约 138 亿年前。

如果把大爆炸当作宇宙诞生的时刻，那么今天宇宙的年龄就是约 138 亿岁。不过，这里仍有许多问题。天文学家总是根据现在观测到的宇宙膨胀来推算它已经膨胀了多久。但是，宇宙膨胀的速度是否始终保持不变呢？这就好像一位长跑运动员正以 5 米/秒的速度向你跑来，有人告诉你这位运动员已经跑了 5000 米，要你猜猜他跑了多久。你也许觉得这很容易：每秒钟跑 5 米，跑 5000 米当然是用了 1000 秒。但是，你很可能错了！因为，这位运动员也许一开始跑得很快，只是快到你那里时速度才慢了下来。那样的话，他跑完这 5000 米也许只需要 900 秒。

宇宙的膨胀也是这样。今天它的膨胀速度可能比很久以前慢了许多，那样的话，宇宙的年龄就会比 138 亿岁更小。不过，有些老年恒星似乎已经有 130 亿岁了，宇宙的年龄当然应该比它们更老。也许，宇宙膨胀的速度并没有减慢？

宇宙中所有的星系彼此间的引力，将会促使星系相互远离的速度逐渐减慢。问题是：这种引力究竟有多大？它最终能不能迫使整个宇宙的膨胀完全停顿下来，甚至迫使所有的星系重新聚拢到一起？

我们知道，一个物体的质量越大，它的引力就越强。宇宙间物质的总引力有多大，取决于宇宙中究竟有多少物质；也就是说，取决于宇宙物质的平均密度有多大。如果宇宙物质的平均密度非常小，那么它们的引力就很弱，就不可能制止宇宙的膨胀；如果宇宙物质的平均密度非常大，那么它们的引力就非常强,强得足以迫使宇宙的膨胀停顿下来,并进而转变为收缩。

　　当然,在"平均密度非常小"和"平均密度非常大"之间,总会有一条分界线,它称为宇宙物质的"临界密度"。如果宇宙物质平均密度小于临界密度,那么宇宙将永远膨胀下去;平均密度超过临界密度,宇宙最终将会停止膨胀,并进而转变为收缩。

　　天文学家们至今还是不清楚,宇宙物质的平均密度究竟是否大于临界密度。假如宇宙将来真的从膨胀变为收缩,那么很久很久以后,在这样一个"收缩宇宙"中,一切物体最终都将无比猛烈地撞击到一起,这被称为"大坍缩"。宇宙从开始收缩直到大坍缩,宛如把大爆炸和宇宙膨胀这部"电影"倒过来再放一遍。

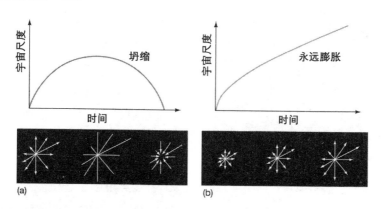

图 7-19　如果影响宇宙膨胀的力只是引力,那么宇宙的质量密度就决定了它的命运。(a)一个高密度的宇宙既有开始也有结束,其寿命是有限的。下方的图框示意它的演化,从初始膨胀到极大尺度,直到最终坍缩。(b)一个低密度的宇宙将会永远膨胀,随着时间的流逝,星系彼此间越离越远

视界、平坦性和暴胀宇宙

　　大爆炸宇宙论获得了巨大成功,但直到 1980 年,也还面临着一些重大的疑难问题。

　　首先是所谓的视界疑难。天文学家知道,从很大的尺度上考察,遥远宇宙在不同方向上的总体状况都是一样的。例如,在相反的方向上各离地

球 80 亿光年的两个遥远区域 A 和 B,彼此间相距 160 亿光年。因为宇宙的年龄至今还不到 140 亿岁,所以就连光也没有足够的时间能从区域 A 传到区域 B。光是宇宙中跑得最快的东西,既然连光都来不及传递,那么区域 A 和区域 B 的各种特征(如温度、物质密度、星系和星系团的类型等)又怎会如此一致,仿佛互相商量过似的? 宇宙中能够通过光信号发生因果联系的最大范围称为"视界"。随着宇宙不断膨胀,视界也在不断扩大。回溯到很久很久以前,宇宙的视界必定比今天小得多。在宇宙的极早期,视界的尺度极小,当时的宇宙就应该由许许多多彼此无关的小区域构成。那样的话,宇宙又怎会变得像今天这样高度各向同性呢?

图 7-20 球面三角形的三个内角之和大于 180°

其次是所谓的平坦性疑难,这涉及宇宙的几何性质。欧几里得几何学告诉我们,一个平面三角形的三个内角之和是 180°。但是,在球面上情况就不同了。设想如左图,从北极点 C 出发,沿 0°经线(即本初子午线)到达赤道上的 A 点,再沿赤道向东走过 90°到达 B 点,最后又沿 90°经线穿过中国和俄罗斯返回北极点 C。这样的一个球面三角形 CAB,三个内角之和就不再是 180°,而是 270°了。与此相反,一个马鞍面上的三角形,三个内角之和又必定小于 180°。宇宙究竟符合怎样的几何学? 这有无数种可能性。但天文观测表明,我们的宇宙完全是"平坦的",即符合欧几里得几何学。这就要求宇宙早期的物质密度和膨胀速率必须很严格地处处相同:精确到小数点之后 50 多位数字才有所差异。事情为什么会这么巧呢?

此外还有一些其他疑难,如所谓的磁单极问题。在宇宙早期极高温的条件下,应该留下大量的遗迹粒子,例如磁单极子。众所周知,带电的粒子不是只带正电荷(如质子)就是只带负电荷(如电子),它们都只有一个极性。

磁单极子也与此类似,只有一个极性。然而,我们所见的任何磁性物质(例如磁铁)却总是同时具有两个极性,即S极和N极。至今还没有任何人找到过哪怕是一个磁单极子,这又是为什么呢?

为了回答这些问题,美国物理学家阿兰·哈维·古思于1981年提出了极早期宇宙的暴胀模型。暴胀是指宇宙从大爆炸之后 10^{-35} 到 10^{-32} 秒的一个极其短暂的阶段,在此期间宇宙的尺度几乎增大了 10^{50} 倍。由此倒推回去,就可以知道,在暴胀之前宇宙的尺度是极其微小的——比

图 7-21 提出暴胀宇宙理论的美国物理学家、天文学家阿兰·哈维·古思

当时的视界还要小得多。因此,光线有充足的时间从宇宙中的任何一处旅行到另一处,温度、密度等各种物理状态也可以通过扩散而变得很均匀。宇宙经过暴胀,尺度大大超越了视界,但原先的均匀性却保留下来了,于是视界疑难便不复存在。

与此同时,在暴胀过程中,宇宙原来的不平坦性非但不会放大,反倒极度地减弱了。从下面的示意图中可以看到,当一个气球的直径为10厘米时,它的表面弯曲得相当明显;当这个气球膨胀到半径为1千米时,它的表面已显得相当平坦;而当气球的半径膨胀到 10^{23} 千米,即几乎与可观测宇宙目前的尺度相当时,气球表面之平坦程度就令人惊讶不已了。因此,即便原初的宇宙并不平坦,在经历暴胀之后它也必定会变得极其平坦。平坦性疑难由此便迎刃而解。

再说,宇宙在暴胀以前

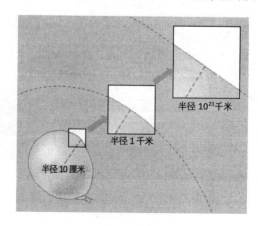

半径 10^{23}千米
半径1千米
半径10厘米

图 7-22 暴胀使宇宙变得极为平坦

尺度非常之小,磁单极子即使存在,数量也微乎其微,今天人们见不到磁单极子的踪影也不足为怪了。还有其他一些问题,用暴胀理论也能很好地予以解释。鉴于暴胀宇宙理论不仅解决了大爆炸宇宙论原先留下的种种问题,而且符合各种天文观测事实,因此获得了各国科学家的普遍赞同。

宇宙微波背景辐射

大爆炸宇宙论有一项重要的推论:宇宙早期温度极高的热辐射,在经历了那么多亿年的冷却之后,如今应该已经降低到温度仅为几开(约相当于−270℃)了,因此可以用射电望远镜在厘米波段和毫米波段探测到它的遗迹。不过,在长达10余年的时间里,伽莫夫等人的这项预言基本上被人们遗忘了。

1964年,美国贝尔电话实验室的两位无线电工程师阿尔诺·阿兰·彭齐亚斯和罗伯特·伍德罗·威尔逊新安装了一台号角状的天线,目的是为查明对通信有干扰的天空噪声来源,以改善"回声号"人造卫星的远程通信状况。这台天线的噪声很低,方向性又很强,因此也很适合于进行射电天文学观测。

彭齐亚斯和威尔逊在波长7.35厘米的微波波段进行测量。结果发现,无论将天线指向何方,在扣除了所有已知的噪声来源(例如地球大气、地面辐射、仪器本身的因素等)之后,总还存在着某种来源不明的残余微波噪声。噪声的强度相当于约3.5开

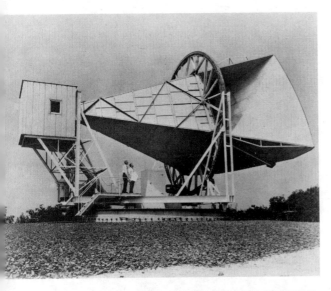

图7-23　彭齐亚斯(左)和威尔逊与他们用以发现宇宙微波背景辐射的号角状天线

的黑体辐射。这种微波噪声是各向同性的，而且不随昼夜和季节而变化。彭齐亚斯和威尔逊对此颇感意外，一时间也不明白它的起因。

当时，普林斯顿大学的罗伯特·亨利·迪克和詹姆斯·皮布尔斯等人也在研制一架工作波长为 3.2 厘米的射电望远镜，打算用它来搜寻大爆炸后遗留下的宇宙背景辐射。他们从理论上计算出这种辐射遗迹的温度约为 10 开。不久，事情就很清楚了。原来，彭齐亚斯和威尔逊发现的来历不明的"多余噪声"，正是迪克和皮布尔斯团队所寻找的东西——宇宙微波背景辐射。

几个月后，迪克的研究小组在 3.2 厘米工作波长上测到了温度约为 3 开的背景辐射，从而证实了彭齐亚斯和威尔逊的发现，并表明宇宙微波背景辐射确实是黑体辐射。在此之后，更多的地面和空间观测，在从 1 毫米到 1 米的宽阔波段范围内，完全证实了这种 3 开宇宙背景辐射的存在，从而使大爆炸宇宙论得到了普遍公认。1978 年，彭齐亚斯和威尔逊因发现微波背景辐射而荣获诺贝尔物理学奖。

为了进一步确认背景辐射是否来自炽热的早期宇宙，科学家们继续在各个波段进行测量。然而，由于地球大气层的吸收严重，在关键性的毫米波段观测非常困难。理想的解决办法是到地球大气层外进行空间观测。为此，美国于 1989 年发射了环绕地球运行的"宇宙背景辐射探测器"（简称COBE）。

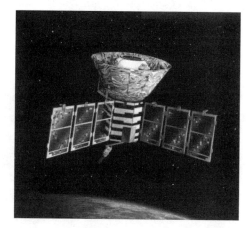

图 7-24　宇宙背景辐射探测器（COBE）形象图

早在 1970 年，COBE 项目的负责人美国天文学家约翰·马瑟已开始着手理论和设计工作，经过上千名科学家和工程师近 20 年的努力，COBE 终于发射成功。1990 年，根据 COBE 的首批观测数据，已经可知宇宙微波背景辐射强度随波长的分布非常接近于标准的黑体辐射谱，相应的黑体温度为 2.735±0.016 开。如此高的精度，令人信服地表明了大爆炸宇宙论的正确性。

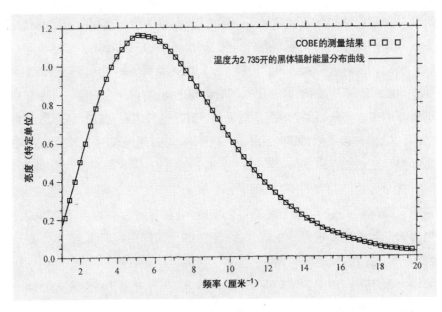

图 7-25 宇宙微波背景辐射的能量分布曲线。小方块代表 COBE 的首批观测结果，曲线是温度为 2.735 开的黑体辐射谱

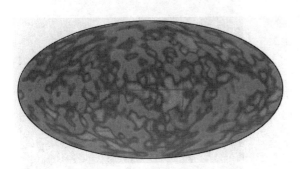

图 7-26 COBE 观测到的宇宙微波背景辐射各向异性，幅度仅为 10^{-5} 量级。这种各向异性由宇宙原初扰动形成，原初扰动密度特别大的地方就是日后形成星系的"种子"

COBE的一个子项目，即探测宇宙微波背景的各向异性行为，由美国天文学家乔治·斯穆特负责。他的研究团队发现，宇宙微波背景辐射在大角度范围上十分均匀；但另一方面，在小角度范围上，不同方向的微波背景辐射又存在着极细微的温度差异，其涨落幅度仅为十万分之几。正是宇宙早期的这种极微小的不均匀性，在日后不断增长，最终导致了星系、恒星等各种天体的形成。为此，马瑟和斯穆特荣获了 2006 年的诺贝尔物理学奖。这些研究成果，使宇宙学进入了"精确研究"的时代。

COBE 的成就促进了许多新项目的实施。美国于 2001 年 6 月 30 日发射的"威尔金森微波各向异性探测器"（简称 WMAP），处于一个环绕太阳的稳定轨道上，始终距离地球 150 万千米。WMAP 重 830 千克，有两架口径 1.5 米的望远镜，可以接收来自两个不同方向的毫米波辐射，角分辨率要比 COBE 高出 15 倍以上。它被命名为威尔金森，是表达对宇宙微波背景辐射专家戴维·托德·威尔金森的敬意。2009 年，欧洲空间局为观测研究宇宙微波背景辐射，又发射了"普朗克空间望远镜"。它以德国著名理论物理学家马克斯·普朗克命名，其灵敏度和分辨率都比 WMAP 更高。

图 7-27　因研究宇宙微波背景辐射有突出贡献而荣获 2006 年诺贝尔物理学奖的两位美国天文学家约翰·马瑟（左）和乔治·斯穆特（右）

回顾发现和研究微波背景辐射的历程，人们时常感慨：要是没有迪克和皮布尔斯等人点拨，彭齐亚斯和威尔逊恐怕就很难在短时期内搞明白自己究竟发现了什么。因此，彭齐亚斯和威尔逊荣获的 1978 年诺贝尔物理学奖似乎应该也有迪克的一份。多年之后，当马瑟和斯穆特又因探究微波背景辐射成就卓著而荣获 2006 年的诺贝尔物理学奖时，人们更是追忆起迪克和皮布尔斯等人在理论上的贡献。迪克已于 1997 年去世。皮布尔斯早先是由迪克指导于 1962 年在普林斯顿大学取得博士学位的，此后他的整个职业生涯也都在普林斯顿度过。他在半个多世纪的岁月中，对宇宙学的许多方面——包括原始核合成、暗物质、宇宙微波背景辐射、宇宙中结构的形成等关键问题，都做出了重要的理论贡献。为此，皮布尔斯于 84 岁高

龄时荣获了 2019 年诺贝尔物理学奖的一半。此奖的另一半则由瑞士日内
瓦大学的两位天文学家米歇尔·马约尔和迪迪埃·奎洛兹分享,他们对发
现系外行星——太阳系外其他恒星周围的行星——做出了开创性的贡献。

加速膨胀和暗能量

那么,宇宙究竟是怎样的呢?它究竟会不会永远膨胀下去?它未来的
命运究竟如何?这些问题还没有找到确切的答案,科学家们却在 21 世纪
来临的前夜,又遇到了一个新的疑谜。以下就是此事的来龙去脉。

在"恒星奇观"这一章里,我们多次提到了超新星。其实,超新星有 I 型
和 II 型两大类。I 型超新星还可以根据不同的光谱特征细分为几个子类。
其中的 Ia 型超新星有一个非常重要的特征,那就是: 所有的 Ia 型超新星
的极大光度几乎都是一样的,仿佛是一种超级的标准烛光。据此,只要仔
细比较 Ia 型超新星的极大光度与相应的视亮度,就可以推算出它的距离。

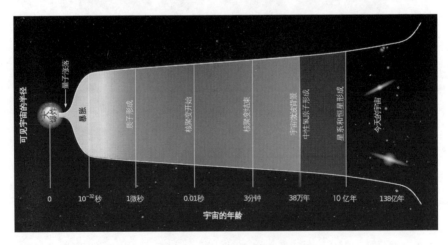

图 7-28　宇宙的历史示意图

原先宇宙学家们认为,既然大爆炸的原初推动力已经消失了,那么宇
宙膨胀的速率就应该由于物质之间的引力制动作用而逐渐减慢。但是 1998
年,美国的两个研究小组,一个由物理学家索尔·珀尔马特领导,另一个小

组以天文学家布赖恩·施密特和亚当·盖伊·里斯为主，却分别独立地发现在遥远的星系中，Ia型超新星看起来要比预期的更暗淡，也就是说，它们的距离事实上比按照哈勃定律推算的更加遥远，因此宇宙其实是在加速膨胀！这一结果从根本上动摇了人们对宇宙的传统理解。究竟是什么力量促使所有的星系彼此加速远离？科学家们至今仍不清楚这种与引力相对抗的东西究竟是什么，但是先给它起了个名字，即"暗能量"。

1998年发现宇宙加速膨胀之后，天文学家又通过其他途径证实了这一发现。根据对Ia型超新星以及对微波背景辐射的观测，科学家们得出一个关于宇宙物质—能量组成的"金字塔"图景：由普通原子构成的气体、行星、恒星、星系等仅占宇宙总质能的约5%，相当于金字塔顶；中间约26%是塔身，由不参与电磁相互作用因而无法被看到，但通过引力作用却可以被探测到的"暗物质"构成；作为塔基的约69%，则是无时无处不在的暗能量。揭开暗能量之谜，很可能会催生一场宇宙学乃至物理学的革命。因此，1957年诺贝尔物理学奖获得者李政道断言，暗能量将是21世纪物理学面临的最大挑战。

2011年，珀尔马特、施密特和里斯因通过对遥远超新星的观测，发现当前宇宙正在加速膨胀而获得诺贝尔物理学奖。

图7-29　珀尔马特（左）、里斯（中）和施密特（右）在2006年荣获邵逸夫天文学奖时的合影

那座皇家天文台

山不在高，有仙则名。水不在深，有龙则灵。

——刘禹锡：《陋室铭》

图 8-1　1988 年的爱丁堡皇家天文台主楼夜景。天空背景上有许多由长时间曝光形成的细长星迹，直观地反映了天体东升西落的周日运动

苏格兰的自豪

人们常说：天文学发展到今天，完全成了一门"大科学"。那么，什么是"大科学"呢？

简单地说，大科学乃是其研究成果对人类具有极大影响的科学事业，它需要当代技术达到的最高精度和最大规模作为支持，需要巨额资金和严密的科学管理，任何个人都难以单枪匹马地左右它的全局。

美国著名天体物理学家詹姆斯·冈恩曾经说过："对于越来越大的望远镜的需求，很快就使观测天文学在得不到政府或巨富们资助的情况下无法实施。"因此，天文学家应该分外努力地在社会公众中传播天文知识，争取得到更广泛的理解和支持，这种努力将会让科学事业得到加倍的回报。

"大科学"的一个显著特点，就是国际性的合作越来越广泛。当代世界各国天文学家的互访和交流十分频繁。本书作者在中国科学院北京天文台（今国家天文台）任职期间，就曾于1988年春到英国著名的爱丁堡皇家天文台做了将近两年的访问学者。

图 8-2　1988 年本书作者在英国爱丁堡皇家天文台考察联合王国施密特望远镜拍摄的巡天底片

图 8-3 苏格兰首府爱丁堡如今是世界著名的旅游胜地，雄伟的爱丁堡城堡自开始兴建至今已有900 多年了

这座天文台的所在地是大不列颠岛北部苏格兰的首府爱丁堡。苏格兰人的民族意识相当强烈。如果你问一位苏格兰人："您是英国人吗？"那么他或她很可能会更具体地回答："是的，我是苏格兰人。"

苏格兰人确实有值得自豪的文化和历史。例如，就科学技术而言，在苏格兰的土地上诞生了对数的发明者约翰·纳普尔，诞生了蒸汽机和离心节速器的发明者詹姆斯·瓦特，诞生了伟大的物理学家、数学家兼天文学家詹姆斯·克拉克·麦克斯韦等；在文学方面有写下著名爱国诗《苏格兰人》的杰出诗人罗伯特·彭斯，有写下《撒克森劫后英雄略》和《爱丁堡监狱》的大文豪沃尔特·司各特，甚至《福尔摩斯探案》的作者亚瑟·柯南·道尔也出生在苏格兰那美丽的首府爱丁堡。

早年岁月

爱丁堡的天文事业肇始于 1776 年。那年，在该市东北郊一个名叫卡尔顿山的小丘上埋下了爱丁堡第一座天文台的奠基石。它是光学仪器制造家托马斯·肖特的私家天文台，但因资金匮乏无力装备必要的仪器，故未能真正开展天文工作。

1785 年，爱丁堡大学设置了实用天文学教授一职，其部分原因是为了满足航海事业的需要。然而，其首任教授罗伯特·布莱尔却因缺乏一座具备适当仪器的天文台而拒绝开课。

1811年，英国第一个专业性的天文学术团体爱丁堡天文协会成立。1818年，该协会在卡尔顿山上肖特原先那座天文台附近建成自己的新天文台。1822年，英国国王乔治四世访问爱丁堡，敕封该台为"皇家天文台"，但是直到1834年才正式确定该台及其仪器均隶属于政府。英国政府、爱丁堡天文协会，以及

图 8-4　爱丁堡天文协会于 1818 年在卡尔顿山上新建的天文台（图中左侧）

爱丁堡大学达成协议，将"皇家天文台首席观测家"和"钦定天文学教授"两个职位合而为一，称为"苏格兰皇家天文学家"。首任此职的是托马斯·亨德森，他于1798年出生在苏格兰中部的小城敦提。亨德森原是一名律师，虽未受过正规的天文教育，而且视力很差，然而对天文学的执著追求终于使他成了优秀的专业天文学家。

1831年，亨德森被任命为非洲最南端的好望角天文台的台长，使他获得了观测位于南天的半人马座 α（中国古星名南门二）的良好机会。半人马座α是全天的第三亮星，亨德森成功地测出了它的距离。实际上，半人马座α是由 3 颗子星组成的三合星，其中的一颗子星——比邻星就是距离太阳最近的恒星。

1844年，46 岁的亨德森英年早逝。同年，爱丁堡天文协会将天文台留存的职权全部移交政府，该台遂成为政府的一个科研机构。1846年，第二任苏格兰皇家天文学家查尔斯·皮亚齐·史密斯就职。他在分光学、照相术以及选择高

图 8-5　爱丁堡皇家协会收藏的第二任苏格兰皇家天文学家查尔斯·皮亚齐·史密斯（1819—1900）肖像

山观测站址方面均取得了开创性的研究成果。1856 年,他到加那利群岛的特纳里夫岛,登上高山做有关大气的实验。他拍摄的某些照片已作为摄影术最初应用于科学的文物而载入史册。

皮亚齐·史密斯为天文事业远行,以及研制新的仪器,都是花自己的钱。他使爱丁堡皇家天文台获得了国际性的认可。然而,由于政府长期拨款不足,由于卡尔顿山日见其拙的观测条件,也由于与爱丁堡大学发生争执,史密斯在天文台的最后岁月蒙上了阴影。爱丁堡市日复一日地发展着,城市灯光和大气污染与日俱增。到 1888 年,卡尔顿山已经成为不断扩大的市区的一部分;如今,它是爱丁堡市中心区主要的旅游景点之一。

1888 年,英国皇家天文协会的一个委员会向政府提出一项对于这座天文台生死攸关的动议:爱丁堡大学的天文学教授不应再拥有苏格兰皇家天文学家的职位,爱丁堡皇家天文台不应作为一个国家科研机构,卡尔顿山上的那座天文台也应该移交给爱丁堡大学。那一年,史密斯从连任 42 年之久的苏格兰皇家天文学家一职离任。

在这不祥的氛围中,爱丁堡的天文事业走过了它的第一个 100 年。

70 年的过渡时期

图 8-6　爱丁堡皇家天文台图书馆内景

多亏了第 26 代克劳福特伯爵詹姆斯·鲁道维克·林赛的慷慨捐赠,前述动议才未实施。他把自家于 1872 年建成的私家天文台的贵重仪器连同图书馆一起捐献出来,所提的唯一条件则是由政府建造一座新的皇家天文台。他的图书馆以广泛收藏珍本科学书刊而名闻遐迩,新的爱丁堡皇家天文台发扬光大了这一传统,那里的天文学家莫不对此津津乐道。我也很喜欢该台的图书馆,当时的图书馆员麦克唐纳先生懂得 7 种语言文字。天文学家看不懂用俄文发表的论文，他可以酌情帮助翻译。麦克唐纳先生略通中文，但他学的是粤语，听不懂普通话，而我又不会广东话，所以我们还是只能用英语交谈。我在回国前夕，把自己的汉英词典和英汉词典都送给他留做纪念，他也回赠我一本英文书。

新的皇家天文台坐落在爱丁堡市南面的另一座小丘布莱克福德山上。其主楼于 1894 年建成，天文台于 1896 年正式启用。其设计与仪器装备由第三任苏格兰皇家天文学家拉尔夫·柯普兰指导监制。1905 年，柯普兰与世长辞。第四任苏格兰皇家天文学家是弗兰克·沃森·戴森，他与担任该台首席助理

图 8-7　布莱克福德山上的爱丁堡皇家天文台正门外景
（卞毓麟摄于 1989 年 2 月）

长达 36 年之久的托马斯·希思同于 1910 年退休。

这座新的皇家天文台主建筑东端和西端各是一个“塔”，塔顶各有一个铜质的圆柱形观测室。该天文台第一架较具规模的仪器，是 1930 年安装在东观测室内的口径 91 厘米反射望远镜。它虽然同当时世上最大的天文望远镜——美国威尔逊山天文台口径 2.54 米的胡克望远镜有很大的差距，却使第五任苏格兰皇家天文学家拉尔夫·艾伦·桑普森得以扩展了他的分光光度观测计划。

1938 年，第六任苏格兰皇家天文学家威廉·迈克尔·赫伯特·格里夫斯上任。第二次世界大战爆发时，除了皇家格林尼治天文台以外，爱丁堡皇家天文台也提供了时间服务。战后，该台于 1951 年在其西观测室中安装了一架改正透镜口径为 36 厘米、主镜口径为 60 厘米的施密特望远镜。

图8-8　1989年8月，本书作者与第七任苏格兰皇家天文学家布鲁克教授（1905—2000）夫妇在他们的寓所前合影

1957年，第七任苏格兰皇家天文学家赫尔曼·亚历山大·布鲁克就职。他早年供职于剑桥大学，曾向当时在英国留学的戴文赛先生（后来的南京大学天文学系主任，本书作者的老师）授课。他的夫人玛丽·布鲁克是爱尔兰人，早年就读于爱丁堡大学天文学系时，与当时正在那里访问的我国前辈女天文学家邹仪新（1911—1997）相处甚笃。后来玛丽曾任爱丁堡大学天文学系讲师多年。

布鲁克主持爱丁堡天文台时，夫妇俩就住在台内的一座两层小洋楼里。他们有价值连城的私人藏书，却未为自己添置房产。布鲁克教授退休后，凑巧苏格兰名门约翰·克拉克夫妇想邀请一户客人在自己的地产上结伴居住，结果布鲁克夫妇便住进了克拉克家的一座小楼。1989年，我在爱丁堡期间曾应他们两家的热情邀请前往做客，并且得知19世纪的大科学家詹姆斯·克拉克·麦克斯韦也是这个克拉克家族的先辈成员。

成功的战略

布鲁克教授入主爱丁堡皇家天文台的那一年，即1957年，当时的苏联发射了世界上第一颗人造地球卫星，人类从此跨入空间时代。在布鲁克的正确决策下，这座皇家天文台跟上了时代的步伐，茁壮成长，勇往直前。

布鲁克决心着力革新仪器。这意味着必须从长计议，把有限的人力、物力、财力用于发展具有战略意义的设备，而不必急功近利去追求非一流的短期成果。1963年，一批新设备和新建筑在布莱克福德山上正式启用。

爱丁堡皇家天文台还介入了一些空间研究计划。它开始了人造卫星的跟踪观测，组织了一个空间研究小组，设计和建造远紫外观测仪器，由英国的"云雀"火箭发射升空。

1965 年，英国女王伊丽莎白二世偕其丈夫爱丁堡公爵菲利普亲王视察这座皇家天文台。同年，该台成为英国科学研究委员会（1981 年改称英国科学与工程研究委员会，简称 SERC）的组成部分。

布鲁克教授有一个重要想法，是使天文照相底片的测量工作自动化，尽可能高速而有效地汲取施密特望远镜的高质量巡天照相底片中蕴藏的海量信息。这种想法一旦付诸实施，其效率将比用人工进行测

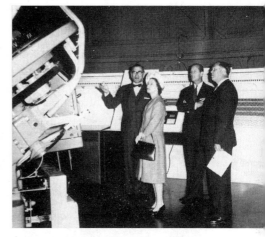

图 8-9　1965 年英国女王伊丽莎白二世视察爱丁堡皇家天文台。右二是菲利普亲王，左一是布鲁克教授

量提高成百上千倍。首台此类"底片自动测量机"于 1970 年研制成功，取名为 GALAXY（源自一组英文词首字母的缩写。galaxy 一词的本义则是"星系"）。为此，国际天文学联合会特地在爱丁堡举行了一次科学讨论会，主题就叫"光学天体物理的自动化"，以资庆祝。

鉴于爱丁堡的天气条件——在整个大不列颠群岛也毫无例外——对天文观测很不利，爱丁堡皇家天文台首次在海外建立了观测站，位于意大利弗拉斯卡蒂附近的波尔齐奥山上，于 1970 年揭幕启用。

1975 年，布鲁克退休。文森特·卡特利奇·雷迪什继为第八任苏格兰皇家天文学家。他是坐落在澳大利亚新南威尔士州赛丁泉的"联合王国施密特望远镜"（简称 UKST）研制计划的负责人。这架施密特望远镜的改正透镜口径为 1.2 米，主镜口径 1.8 米，是世界上一台重要的光学天文观测仪器。

另一方面，一台更先进的新的底片自动测量机在爱丁堡皇家天文台研制成功，并取代了 GALAXY 机。它可以在几小时内测量出一张施密特望远镜照相底片（常简称为"施密特底片"）上数以十万计的天体影像的坐标（COordinates）、大小（Sizes）、星等（Magnitudes）、取向（Orientations）和形状（Shapes），所以这台机器被命名为 COSMOS（由上面几个英语词的词头缩

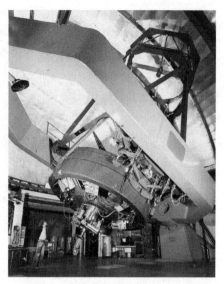

图8-10 口径3.8米的联合王国红外望远镜（UKIRT）

略而成）。cosmos 这个英语单词本身的意思则是"宇宙"。

同年，"联合王国施密特望远镜"和 COSMOS 机均列为英国国家级的天文设备，由爱丁堡天文台负责发展和运行。1979 年，该台又增添了第三台国家级的天文设备——安装在夏威夷莫纳克亚山上的口径 3.8 米"联合王国红外望远镜"（简称 UKIRT）。

爱丁堡皇家天文台还参与筹建了一座新的国际性的北半球天文台，最后定址在西班牙的拉帕尔马岛上。有趣的是，该处恰与一个半世纪以前史密斯进行开创性的高山天文台实验所在的特纳里夫岛相距不远。

图 8-11 也如夏威夷的莫纳克亚天文台那样，拉帕尔马天文台也是当今公认的世上少数几处最佳的天文台址之一。那里的加那利大望远镜主镜口径 10.4 米，比夏威夷的凯克望远镜还略大些，是西班牙、墨西哥和美国三国的合作项目

第九任皇家天文学家

雷迪什任苏格兰皇家天文学家仅仅5年。1980年,他不仅退休了,而且是"隐居"了。他们夫妇俩住到一个人迹罕至的地方,远离城镇,很少再在公开场合露面。

雷迪什的继任者是马尔科姆·朗盖尔教授,一位精力异常充沛、思维十分敏捷的天文学家。他于1980年就职第九任苏格兰皇家天文学家时才38岁。自从亨德森之后,历任苏格兰皇家天文学家都并不是苏格兰人。朗盖尔却不仅是一位苏格兰人,而且正巧也是出生在亨德森的故乡敦提。

朗盖尔对中国很友好,两度来华时我都曾受中国天文学会委托陪同他参观访问。朗盖尔人主爱丁堡皇家天文台的整个20世纪80年代,其高瞻远瞩的主帅之风受到国际同行的广泛称赞,该台的国际显示度也不断提高。

1987年,爱丁堡皇家天文台承担了第四台国家级天文设备"麦克斯韦望远镜"(简称JCMT)的运营任务。这架新建的毫米波和亚毫米波望远镜以电磁场理论的鼻祖麦克

图8-12　1988年8月朗盖尔教授在巴尔的摩第20届国际天文学联合会大会上作学术报告

图8-13　麦克斯韦毫米波和亚毫米波望远镜(JCMT)

图 8-14 1989 年 7 月 4 日菲利普亲王（前左）访问爱丁堡皇家天文台，右一是朗盖尔台长

斯韦冠名。此镜起初与荷兰合建，嗣后成为英国、荷兰和加拿大三国的一项联合事业。

1988 年 9 月 23 日，爱丁堡皇家天文台隆重纪念了克劳福德伯爵的馈赠暨新台在布莱克福德山奠基 100 周年。1989 年 7 月 4 日，是该台又一个喜庆日。那天上午女王的丈夫菲利普亲王赴天文台进行私人访问，我和英国同事们一起在院子里欢迎。亲王在朗盖尔台长陪同下向大家挥手致意。

当他从我前面经过时，还和我简短地交谈了几句。他问我来自哪个国家，为什么要到这个天文台来？我告诉他，我是中国人，由中国科学院北京天文台派遣来做访问学者。我们之所以选择爱丁堡皇家天文台，是因为这里有优秀的科学家和先进的仪器设备，也有不少成功的经验值得我们借鉴。当天晚上，刚竣工的皇家天文台新南楼由英国科学与工程研究委员会主席米切尔教授剪彩。然后又是一个气氛热烈的招待会。

我于 1990 年 1 月结束对爱丁堡皇家天文台的访问，回到北京天文台。几乎同时，朗盖尔教授因另有要任而离开爱丁堡前往剑桥。他离任后，英国的天文学遇上了一个不稳定的重组时期。原先苏格兰皇家天文学家、爱丁堡大学钦定天文学教授以及爱丁堡皇家天文台台长历来都是三位一体的，即三个职位由同一人兼任。这时却分成三个人了：苏格兰皇家天文学家的头衔授予格拉斯哥大学的约翰·布朗，爱丁堡大学钦定天文学教授是安德鲁·劳伦斯，保罗·默丁则就任爱丁堡皇家天文台台长。1993 年，英国的一些重要天文研究机构，包括皇家格林尼治天文台、爱丁堡皇家天文台、联合天文中心（前面提到的 UKIRT 和 JCMT 此时即由该中心运营、管理）等，整合为由一位台长统管，他就是当时的皇家格林尼治天文台台长埃列克·博克森堡。

　　1994年,英国科学与工程研究委员会(即SERC)拆分重组,爱丁堡皇家天文台成为粒子物理和天文研究委员会(简称PPARC)的一部分。再往后,又经历了体制上的一系列复杂变化,爱丁堡皇家天文台的天文照相底片库以及超级COSMOS机——即升级版的COSMOS机,都移交给爱丁堡大学;其研制仪器的技术力量则由新构建的联合王国天文技术中心(UK ATC)保留下来,继续发挥重要作用。凡此种种,此处就不细说了。

　　虽然我后来没有再度访问爱丁堡,但是当年的那些人与事,它的幽雅环境和办事效率依然清晰地留在我的脑海里。几代人的努力,使这座历经坎坷的天文台走出一条颇有特色的路,这是世人有目共睹的,其成功经验也很值得借鉴。

图8-15　2007年的爱丁堡皇家天文台

科学战胜怪诞

科学激发了人们不断增长的探求神秘的好奇心。但是伪科学也有同样的作用。很少的和落后的科学普及所放弃的发展空间，很快就被伪科学所占领。如果大家都能够明白一种学说在被接受之前必须要有充足的证据支持，那么伪科学就没有立足之地了。

——卡尔·萨根：《魔鬼出没的世界——科学，照亮黑暗的蜡烛》

图 9-1 《科学与怪异》是美国一批著名学者对种种"超自然的"奇谈怪论所作的科学分析，英文原书名直译应为《科学与超自然的》，中文版（上海科学技术出版社，1989 年）为易懂和顺口改用现名。全书共 20 篇文章，此处专谈天文学家卡尔·萨根的长文《〈碰撞中的世界〉析》

旧金山的较量

天文学非常有趣,罕见天象魅力无穷。然而,总有人假借天文现象制造奇谈怪论,不明真相上当受骗者也不在少数。揭穿欺人之谈,向公众昭示事情的本来面目,是天文学家们责无旁贷的义务。就此而言,历史上有过不少颇有影响的事件,下面介绍的科学家们与维里柯夫斯基对质便是著名的一例。

伊曼纽尔·维里柯夫斯基是一位旅居美国的俄国侨民,于 1979 年去世,时年 84 岁。他本是一位生理学家兼精神病医生,但是在 20 世纪 40 年代,却异想天开地以《圣经》和一些神话传说为出发点,尽力附会某些天文学和地学现象,提出一些非常怪诞的"理论",在科学界和社会上掀起了一阵轩然大波。

维里柯夫斯基认为,在公元前 1500 年前后,木星曾抛射出一颗彗星,这颗彗星在数百年间曾两次从地球附近经过,结果造成了《圣经》中所描述的景象:昆虫和吗哪(《圣经》中传说古以色列人经过旷野时获得的神赐食物)降落到地球上。这颗彗星还从火星附近经过,使火星改变了轨道;它从地球近旁掠过,其潮汐力造成了地球上的种种灾祸。最后,大约在公元前 7 世纪,这颗彗星终于变成金星,在目前的金星轨道上安顿下来。

这简直是天方夜谭,真正懂得天文学的人对此根本不屑一顾。不料,美国的麦克米伦图书公司于 1950 年出版了维里柯夫斯基宣扬这种理论的《碰撞中的世界》一书,许多人误以为这是科学上的重大发现而竞相争购。此后 20 余年间,维里柯夫斯基的著作拥有相当大的读者队伍,甚至某些颇有科学背景的人也虔诚地拥护他。具有真知灼见的学者们尖锐地批评了他的奇谈怪论,但他们反而遭到维里柯夫斯基的信徒和不明真相者更为猛烈的抨击。这些人指责科学界"霸道",压制新的学术思想。

于是,美国著名天文学家卡尔·萨根站出来了。萨根 1934 年 11 月 9 日生于纽约市布鲁克林区。他是美国太空探测领域中很有影响的人物,曾长期担任康奈尔大学天文学与空间科学教授和行星研究室主任,是一位探索地外文明的先驱者。萨根又是一位享誉全球的科普大师,20 世纪 80 年

图 9-2　美国著名天文学家、杰出的科学活动家卡尔·萨根（1934—1996）

代初，他主持拍摄了 13 集电视系列片《宇宙》，被译成十几种语言在近 70 个国家播出。与此配套的同名图书《宇宙》位居《纽约时报》畅销书榜达 70 个星期之久，在全球销售 500 万册以上。他的《布罗卡的脑》《伊甸园的龙》《暗淡蓝点》《魔鬼出没的世界》等科普和科学文化读物在全世界广为流传，在中国也拥有广大的读者。他英俊潇洒，是电视专栏《今晚节目》的明星，也是美国无数年轻人崇拜的偶像。1994 年 10 月，为庆祝萨根 60 岁生日，康奈尔大学组织了一个有关其成就的讨论会，世界上 300 多位著名科学家、教育家以及萨根的亲友应邀参加。该校荣誉校长弗兰克·罗兹在闭幕词中说："卡尔教学水平高超，桃李满天下……的确，卡尔讲的题目是宇宙，而他的课堂是世界。"

萨根去世后，美国国家航空航天局局长戈尔丁发表谈话："卡尔·萨根使天文学走进了美国的千家万户，使科学界以外的人们第一次知道了什么是太空，它为什么重要，并对它关心起来、了解起来……我们所得悉的有关火星的所有情况，都有他的梦想之花结出的果实。"1997 年 7 月，美国的"火星探路者号"着陆器成功地登上火星。后来，它被重新命名为"卡尔·萨根纪念站"。

1974 年 2 月 25 日，在以正届不惑之年的萨根为首的一群学者力促下，美国科学促进会在旧金山举行了一次讨论会，持相反观点的双方在会上争得面红耳赤。会后，康奈尔大学出版社出版了这次讨论会的文集，书名叫《科学家们与维里柯夫斯基对质》。

会上首先向维里柯夫斯基发难的，是古代楔形文字专家彼得·休伯。他说，古代的泥板提供了有力的证据，说明在公元前 1500 年以前金星就处在它目前的轨道上了。他指出，古代美索不达米亚人的一些记录被人误译

图 9-3　美国国家航空航天局根据"火星探路者号"所拍摄的全景照片,结合着陆器的地面模型,用计算机合成了这幅图像。设想你漂浮在火星上空,也许就能看到这一景象:正下方是"卡尔·萨根纪念站"的控制塔,其四周展开 3 块太阳能电池板,外围是已放完气的淡色气囊。在向火星着陆时,充满气的气囊包裹着整个"火星探路者号",以防撞上火星时损坏仪器设备。左侧那块太阳能电池板有两条斜坡,可供"旅居者号"火星车下行到地面,前往探测附近的岩石。图中"旅居者号"处于 11 点钟的方位,正在探测一块昵称为"瑜伽熊"的岩石

了,而维里柯夫斯基正是被这些不恰当的译文引入了歧途。天体力学家迪拉尔·马尔霍兰则指出,维里柯夫斯基关于行星运动的那些说法有"致命的缺陷"。各大行星的轨道大致呈圆形,而且几乎处在同一平面上,这种状况排除了它们在人类有记忆可循的年代中发生任何重大突变的可能性。

维里柯夫斯基虽然年逾古稀,精力却很充沛。他十分自信地反驳说,他的理论有一些"先进的论点"——例如,正确地预言了金星的高温。他在结束这次发言时高傲地宣称:"谁也不能使金星变冷,谁也改变不了我书中的一句话。"

但是,卡尔·萨根在他那严谨而富有幽默感的长篇发言中指出,维里柯夫斯基的预言都只是定性的,而且暧昧不清。萨根发言伊始就着重申明:

"有说服力的论证中的每一步皆须一清二楚。"而他的结论则是：

"凡是维里柯夫斯基自己创造的东西，基本上都是错误的；凡是他正确的地方，有关的想法便已有别人提出在先。"

头上长角的爱神

萨根对维里柯夫斯基的批评由两大部分构成。第一部分犹如"总论"，第二部分是对《碰撞中的世界》涉及的 10 个重要问题的定量分析。萨根在第一部分中指出：尽管维里柯夫斯基旁征博引，但证据不足而谬误，论证残缺而混乱。下面是其中的两个例子。

第一个例子是维里柯夫斯基认为，任何民族的任何神话学文献所述及的任何神祇，都切实地对应于某个天体；这些文献事实上就是对该天体的直接记录。在《碰撞中的世界》中，"诸神等同于诸行星"这种假设甚至被用来确定古希腊大诗人荷马所处的时代。对于这类事情，萨根运用其谙熟的神话学知识，淋漓酣畅地说道：

图 9-4　古希腊神话中的智慧女神雅典娜，古罗马神话中称为密涅瓦

"总而言之，当海希奥德和荷马说到雅典娜生于宙斯的头颅时，维里柯夫斯基就……真的认为雅典娜这个天体乃是木星这颗行星抛射出来的。但是究竟哪个天体是雅典娜呢？维里柯夫斯基屡次认为她就是金星。人们读了《碰撞中的世界》，几乎不可能想到古希腊人其实认为金星乃是爱神阿佛洛狄忒，而并没有什么天体是智慧女神雅典娜。""维里柯夫斯基写道，卢西安'不明白雅典娜是金星这颗行星之神。'仿佛

是可怜的卢西安错将阿佛洛狄忒当成了金星女神。然而在第 361 页的脚注中……[维里柯夫斯基本人却]采用了这样的写法：'金星（阿佛洛狄忒）'。在第 247 页上我们又看到这样的说法：'阿佛洛狄忒，月亮女神'。那么阿耳忒弥斯——太阳神阿波罗的姐妹，或者更早些的塞勒涅又该是谁呢？""也许会有较好的理由可以把雅典娜和金星视为一体，但这大大超出了今人或两千年前古人的才智，然而这却是维里柯夫斯基论证的要点。既然对于雅典娜究竟是什么天体尚且如此轻率地敷衍搪塞，那么再搬弄一些人们不那么熟悉的神话也就不能增强我们的信心了。"

图 9-5　古希腊神话中爱与美的女神阿佛洛狄忒，古罗马神话中称为维纳斯

第二个例子是维里柯夫斯基运用了一条原则：两个神的名字用连字符号相连，其实象征着某种天体有着某种重要的特征。例如，阿斯特罗斯—卡尔纳伊姆神，这个名称的原意是"头上长角的爱神"。由于金星是以罗马神话中的爱神维纳斯命名的，所以维里柯夫斯基便将"头上长角的爱神"解释成"月牙形的金星"，并据此认定金星必定曾经十分靠近地球，以致肉眼就能看出它的圆缺变化。对此，卡尔·萨根不无揶揄之意地问道：

图 9-6　古埃及太阳神"拉"的形象

"可是，对于阿摩-拉（Ammon-Ra）

神，这一原则又意味着什么呢？难道古埃及人看见的太阳（Ra）竟像一头公牛（Ammon）？"

10 个重要的问题

萨根对维里柯夫斯基的批评,第二个主要部分是对《碰撞中的世界》涉及的 10 个重要问题所做的定量分析,这 10 个问题是:1.金星是木星抛射出来的吗？ 2.地球、金星以及火星之间的反复碰撞;3.地球的自转;4.地球地质学和月球撞击坑;5.类地行星的生物学和化学;6.吗哪;7.金星的云;8.金星的温度;9.金星的撞击坑;10.金星轨道变圆以及太阳系中非引力的力。这里,我们也来举几个例子。

第 1 个问题:金星是木星抛射出来的吗？

对此,卡尔·萨根作了几项计算,其中有一项是后来变成金星的那颗彗星由木星抛出时所必须具备的临界速度。木星本身的逃逸速度为约 60

图 9-7 哈勃空间望远镜 2014 年 4 月 21 日拍摄的木星像。木星是太阳系中最大的行星,它最显著的表面特征是至少已经存在了 300 多年的"大红斑"。大红斑呈卵形,色橙略偏红,是一个沿逆时针方向转动的巨大气旋。大红斑比地球大许多,但正在渐渐缩小,19 世纪它的长轴达 40000 千米,现在却只有 17000 千米了

千米/秒,在木星所处的位置上脱离太阳系的逃逸速度为约 63 千米/秒。由此可以推算出,如果从木星上抛出的彗星速度小于 60 千米/秒,那么它就会落回到木星上;如果速度大于 63 千米/秒,那么它就会离开太阳系。事实上,彗星从木星上抛出的速度几乎不可能巧得正好就在 60 千米/秒到 63 千米/秒之间。与维里柯夫斯基的假说相容的速度范围如此狭窄,就使他的假说难以成立。

再者,金星的质量超过 5×10^{27} 克,将它推进到木星的逃逸速度所需的总动能,相当于太阳在整整一年中辐射到太空中去的全部能量,这要比

迄今观测到的最大的太阳耀斑还要强 1 亿倍,而木星本身却比太阳小得多!

第 4 个问题:地球地质学和月球撞击坑

维里柯夫斯基相信,另一颗行星与地球近距碰撞造成了严重的后果。例如,他写道,"在(《圣经》所说)出埃及的那些日子里,世界在震撼,在摇晃……所有的火山都在喷射熔岩,所有的大陆都在颤动。"他还相信地磁场的逆转是地球与彗星遭遇造成的。萨根的回答也很妙:"岩石磁化记录清楚地表明,这样的逆转大约每 100 万年就出现一次,而不是最近几千年内发生的新鲜事。它们或多或少像钟表那样循环变化。莫非木星上有一只钟,它每 100 万年就瞄准地球射来一颗彗星不成?"

维里柯夫斯基还相信,降临地球的灾难也影响到月球,因此在几千年前月球表面也出现了类似于地球上的地质构造事件,许多撞击坑就是那时形成的。然而,萨根指出,"'阿波罗号'(宇宙飞船)带回来的月球样品,表明在最近几亿年中并没有岩石熔化过。"萨根继续说道:

"况且,如果月球撞击坑确实在 2700 年前大量地形成,那么在同一时期地球上也应该造成大量直径大于 1 千米的撞击坑。在 2700 年内,地球表面的侵蚀尚不足以消除掉这样大小的撞击坑。而事实上,如此大小和年龄的地球撞击坑不仅并不大量存在,而且连一个也找不到。"

图 9-8　美国国家航空航天局发射的"月球勘测轨道器"拍摄的月球表面第谷环形山图像。这个环形山以丹麦天文学家第谷命名,位于月球南半球高地,直径 86 千米,深 4.8 千米

炸苍蝇与采集吗哪

第5个问题：类地行星的生物学和化学

维里柯夫斯基的《碰撞中的世界》一书，有许多内容都涉及《圣经》。应该指出，《圣经》是犹太教、基督教的正式经典，但它并不是上帝的创造，而

图9-9 意大利画家乔托的名作《出埃及》(局部)

是人类文化历史的产物。《圣经》记载了犹太民族和古代地中海地区其他民族的发展和变迁，为史学家们探赜索隐提供了指南。《圣经》涉及远古社会的神话、传说、体制、律法、民俗、伦理等，宛如一部当地古代文化的百科全书。《圣经》汇聚了多种风格的诗歌、民谣和故事，是世界广为流传的众多文化典故之源，为世界文学、绘画、雕塑、音乐等提供了奇妙的构思和丰富的素材。因此，人们常说《圣经》是世界文化宝库中的珍品。

但是，不难理解，《圣经》中有许多虚构的成分。用科学的眼光审视，就能看出它们的谬误。在谈及地球上的生命起源时，维里柯夫斯基引用《圣经》，提出了许多非常古怪的见解。例如，他"论证"了《圣经》出埃及故事中提到的苍蝇来自彗星，而这颗彗星又是木星抛射出来的。

萨根对此回答说：

"惟独苍蝇起源于地球之外，这种想法不禁使人联想起马丁·路德那令人恼怒的结论：所有的生命均为上帝所创造，苍蝇却必定是魔鬼创造的"；"但是，苍蝇乃是极有代表性的昆虫，在解剖学、生理学以及生物化学方面均与其他昆虫纲生物有着密切的联系。"

"这里,有一个奇怪的事实,苍蝇会使氧产生代谢变化,但是木星上却没有氧";"维里柯夫斯基隐约提到'许多小昆虫……生活在缺氧大气中的能力',但是……一种在木星上进化而来的生命机体怎能生活在富氧大气中,并使之产生代谢变化呢?"

萨根进而幽默地指出:

"苍蝇恰恰具有与小的流星体相同的质量和尺度。小流星体在彗星轨道上进入地球大气时,约在地面上

图9-10　1833年11月的狮子座流星雨(木刻)

空100千米的高度上燃烧殆尽……那些彗星害虫在进入地球大气时不仅会迅速地变成干炸苍蝇,而且还会像今天的流星那样蒸发出原子""从木星抛出彗星时所伴随的高温,也同样会把维里柯夫斯基的苍蝇都炸透了。因此……它们是站不住脚的。"

第6个问题:吗哪

《圣经》中关于出埃及的故事说到,古代以色列人移居埃及后,渐渐成了被奴役的民族。在民族英雄摩西带领下,他们在公元前1290年前后走出埃及,又在西奈半岛无家可归达40年,而且在旷野中断了粮。一天清晨,他们发现露水消散后满地留下了无数白色的小圆物。众人不明缘故,便互相询问"吗哪?"(manna,意为"这是什么")。摩西说,这是神赐给以色列人的食物。后来,这种东西也就被称为"吗哪"了。

维里柯夫斯基认为,吗哪也是从前述那颗彗星上落下来的。然而,萨

根指出："彗星包含大量的腈——特别是氰化氢和氰化甲基，它们都有毒，很难指望彗星是什么好吃的东西。"萨根还计算了："供给几十万以色列子孙食用 40 年，究竟需要多少吗哪？"

"假定每个以色列人每天食用的吗哪是 1/3 千克，这比通常的口粮还少一些。于是，每个以色列人一年中将食用 100 千克吗哪，40 年内将吃掉 4000 千克。《出埃及记》中明确提到在沙漠中徘徊的以色列人有好几十万，他们在 40 年中消耗的吗哪将在 1 亿千克以上。"

图 9-11　巴黎卢浮宫藏法国画家普桑的作品《吗哪的采集》(1639 年)

萨根还在这里添上一个有趣的注释：

"实际上，《出埃及记》中说，除了安息日外每天都降落吗哪，而在星期五，吗哪的配给加倍""这看来使维里柯夫斯基的假设陷入了窘境。彗星怎么会知道应该这么做呢？"

"但是，我们无法设想来自彗尾的碎屑每天都特惠地降落在偏巧是以色列人在那儿徘徊的这部分旷野""在以色列人徘徊的 40 年间，整个地球必定累积了几倍于 10^{18} 克的吗哪，这些吗哪可以覆盖整个地球表面几乎达 1 英寸（约 2.5 厘米）之厚"。兼之"我们没有理由认为吗哪仅仅降落到地球上。在 40 年内……考虑到地球体积与该彗星体积之比，作出某种适当的修正，我们便发现由于这种事件而分布于太阳系中的吗哪质量大于 10^{28} 克。这一质量不仅比已知质量最大的彗星还要大很多个数量级，而且比金星这颗行星的质量还大。况且，彗星也不可能仅仅由吗哪组成""人们已经知道彗星主要由各种冰构成，彗星质量与吗哪质量之比，保守的估计也要比 10^3 大得多。因此该彗星的质量必定远远大于 10^{31} 克。而这已经是木星的质量了……这样的话，在内太阳系的行星际空间，甚至在今天也还应该充满着吗哪。"

知识就是力量

第 8 个问题：金星的温度

"金星高温"是维里柯夫斯基津津乐道的一项"预言"。萨根认为，这是因为他采用了错误的前提，才导出了貌似正确的结论。例如，维里柯夫斯基认为，金星是由于经历剧变而从木星中产生出来的，因此很热，而现在正在逐渐冷下来。萨根指出，耶鲁大学的鲁珀特·怀尔德教授比维里柯夫斯基早 10 年就已正确地阐明，金星表面必定会由于温室效应而使温度上升得很高。萨根引证了若干年来许多科学家小组用射电方法测量金星微波亮温度

图 9-12　由"麦哲伦号"金星探测器的雷达探测结果综合而成的金星图像

的一系列结果,最后说道:

> "我们发现,(1)维里柯夫斯基对所讨论的温度从未给出具体数据;
> (2)他为提供这一温度而提出的机制极不充分;(3)金星表面并不像有
> 人大肆宣扬的那样随着时间而冷下来;(4)当时,金星表面温度很高的
> 想法发表在重要的天文学期刊上,并且在《碰撞中的世界》出版之前10
> 年就有了本质上正确的论证。"

　　萨根在结束发言时说,许多平素很温和平静的科学家,出于义愤,与《碰撞中的世界》碰撞了起来。"对于维里柯夫斯基的这本书,需要言之成理的分析……但是,不能指望科学家们染指边缘科学的一切领域。例如,为了思考、计算和准备本章的内容,就占去了我本人进行科学研究所亟需的时间。但是,这当然不是无聊的事情,至少是与某些有趣的传说打了一场遭遇战。"

　　"知识就是力量",人类历史上的无数事实一次又一次地重申着这条真理。萨根与维里柯夫斯基的对阵,以科学战胜怪诞告终了。当年的萨根刚好整40岁,如今他已经离开人世。萨根在逝世前出版的最后一本书名叫《魔鬼出没的世界——科学,照亮黑暗的蜡烛》,曾位居美国1996年全年畅

图 9-13　卡尔·萨根著《魔鬼出没的世界——科学,照亮黑暗的蜡烛》书影

图 9-14　卡尔·萨根著《暗淡蓝点——展望人类的太空家园》书影

销书榜首。书名受到下面这句民谚的启示："与其咒骂黑暗，不如点亮一支蜡烛。"书中不仅揭穿了种种伪科学骗局，而且提出了从各种角度进行思考的"探测谎言的方法"。这本书和萨根的《宇宙》《暗淡蓝点——展望人类的太空家园》等著作一样，也非常值得一读。

其实，不只是科学家，我们每个人面对某种伪科学怪论，都应该像卡尔·萨根那样，用自己的知识和科学的推理来识别它的本质、揭穿它的谬误。当然，有时即使想这样做，也不是那么容易。正因为如此，所以我们就应该分外努力，朝着正确的方向前进。

图9-15　《展演科学的艺术家——萨根传》是一部优秀的传记，作者凯伊·戴维森是美国著名科学作家。中文版由暴永宁执译，上海科技教育出版社出版。此处书影是纳入"科学大师传记精选"的较新版本，于2014年6月面世

中华天文源远流长

中国古代天文学建树非凡，遗泽久长，是我们民族的骄傲。我一直怀着崇敬的心情向往着这份文化珍宝。

——王绶琯：《中国天文学史大系》总序

图 10-1 明英宗正统二年（1437 年）仿元代仪器制造的浑仪，现陈列在南京市中国科学院紫金山天文台

历史长河中的记载

中国是世界上历史最悠久的文明古国之一,也是天文学发展最早的国家之一。几千年来,中华儿女积累了大量珍贵的天文实测资料,取得了丰硕的研究成果,在天文观测、宇宙理论、天文仪器和历法等方面,都对世界天文学的发展作出了重要贡献。

中国天文学的历程,大致可以分成以下六个阶段:

萌芽时期:从远古到西周末(公元前770年以前);

体系形成时期:从春秋到秦汉(公元前770—公元220年);

繁荣发展时期:从三国到五代(220—960年);

由鼎盛而衰落:从宋初到明末(960—1600年);

中西天文学的融合:从明末到鸦片战争(1600—1840年);

近现代天文学的发展:从鸦片战争到现在(1840年至今)。这一阶段,又可细分为从鸦片战争到中华人民共和国成立(1840—1949年)以及新中国成立到现在(1949年至今)这样两个阶段。

中国古代天文学萌芽于原始社会,到战国秦汉时期已形成以历法和天象观测为中心的完整体系。历法是中国古代天文学很重要的部分,它不仅有计算月亮的朔望、确定月份的大小和安排闰月、推算节气的时间间隔等编制日历的工作,而且还包括预告日月食和计算行星的位置等许多内容,与现代编算的天文年历很相似。

天象观测是中国古代天文学的又一项主要内容,它包括天象观测的仪器、方法和记录。中国古代的主要天文观测仪器是"浑仪"。记录观测数据使用的度数,在明末以前一直是将整个圆周分为365又1/4度,这与受古代巴比伦影响的各国都采用360°制有所不同。2000多年来,我国保存下来的有关日食、月食、月掩星、太阳黑子、流星、彗星、新星等的丰富记录,至今还在现代天文学研究中起着重要的作用。

从春秋时代开始,中国有着相当完整的日食记录,其中载入正史的就有916条。古代日食记录很可能保存着太阳外层大气的宝贵信息,由此又

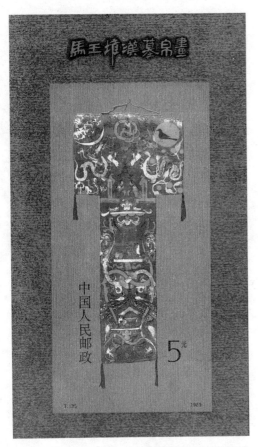

图 10-2　1989 年中国发行的特种邮票小型张《马王堆汉墓帛画》。此处的帛画是公元前 2 世纪西汉时期的随葬品，画中右上方的太阳内有乌鸦，左上方的月亮内有蟾蜍

可以推测当时太阳活动的盛衰。古代日食记录，还可以用于探讨地球自转的不均匀性，以及推断某些古代历史事件发生的确切年代等。

今天举世公认最早的太阳黑子纪事也在中国。例如，《汉书·五行志》中记载了公元前 28 年的某一天，"日出黄，有黑气，大如钱，居日中央"，这被世界公认为明白无误的太阳黑子最早记录。它对这个大黑子出现的时间、形状、大小及其在日面上的位置都作了简明、可靠的描述。1972 年，湖南省长沙市马王堆一号汉墓发掘成功。这是一座公元前 2 世纪的西汉墓，墓中出土的随葬品中，有一幅精美的帛画。画面右上方绘有一轮红日，里面蹲着一只乌鸦。这正好与同时代成书的《淮南子·天文训》记载的"日中有踆乌"相呼应。"踆乌"就是古代传说太阳中的三足乌，后来直接借指太阳。"日中有踆乌"，应该是对太阳黑子现象的艺术性再现。从汉代到明代的 1600 多年间，中国古人对太阳黑子的记事数以百计。相比之下，欧洲人最早的黑子纪事是在公元 807 年，而且当时还被误认为是水星凌日。直到 1609 年意大利科学家伽利略发明天文望远镜以后，欧洲人才正式确认太阳上面有黑子。因此，要了解早先太阳活动的情况，必须借助中国古代的资料。

中国古代的彗星记录，至今依然焕发着夺目的光辉。例如，《春秋》记录了鲁文公十四年（公元前 613 年）"秋七月，有星孛入于北斗"，就是关于哈雷彗星的最早记录。从那以后，哈雷彗星每次出现，中国都有详细记载。中国历代的各次彗星记录，至清末共达500次以上。有一位法国天文学家在20世纪50年代经过广泛的研究，最后断定：“彗星记录最好的，当推中国。”

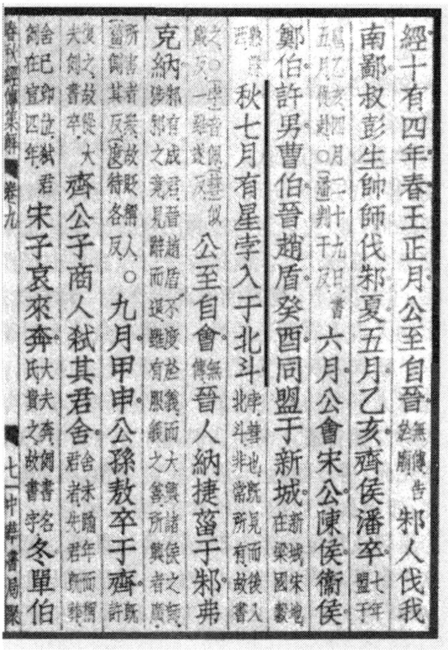
經十有四年春王正月公至自晉 邾人伐我
南鄙叔彭生帥師伐邾夏五月乙亥齊侯潘卒
六月公會宋公陳侯衛侯
鄭伯許男曹伯晉趙盾癸酉同盟于新城
秋七月有星孛入于北斗
公至自會 晉人納捷菑于邾弗
克納
九月甲申公孫敖卒于齊
齊公子商人弒其君舍
宋子哀來奔 冬單伯
春秋經傳集解 卷九
七 中華書局聚

图10-3 古籍《春秋》中关于鲁文公十四年的彗星记载

中国古代还有好几百次流星观测记录。例如，《春秋》记录了鲁庄公七年(公元前687年)“夏四月辛卯，夜，恒星不见。夜中，星陨如雨”，说的是那天半夜，陨落的流星多得就像下雨一样。这正是关于天琴座流星雨的最早记录。有的记载非常详细，包括流星的数目、颜色、亮度、声响、出现和消失的时刻和方位、持续的时间等。它们为研究流星群的周期和轨道变化、查明流星群和彗星的关系等问题提供了宝贵的线索。

中国从商代到17世纪末，史书上共记载了30颗左右的新星和超新星，其中约有12颗是超新星。这在世界上堪称绝无仅有。其中最著名的是公元1054年出现在金牛座ζ星附近的那颗超新星，20世纪的天文学家证实了蟹状星云就是那颗超新星爆发的遗迹。各国天文学家为了探讨银河系中射电源和历史上超新星的关系，详细研究了中国古代的新星和超新星记录。结果表明，上述12次超新星记录中，至少有7次与今天观测到的射电源有关，从而再次显示了中国古代天象记录的巨大价值。

独特的星官体系

中国古代划分星群、命名恒星的体系独特，历时弥久日渐完善，许多名称一直沿用至今。中国古人将群星分为一个个星官，每个星官所含星数各不相同。少的仅 1 颗星,如天狼(大犬座α)、大角(牧夫座α)等。多的可达十余颗甚至几十颗星,如轩辕有 17 颗星,其中最亮的轩辕十四(狮子座α)是一颗 1 等星。

中国古星名,多用星官名加上序号。例如河鼓一(天鹰座β)、河鼓二(天鹰座α,即牛郎星)和河鼓三(天鹰座γ)。也有少数星官,其中每颗星都另有专名。如北斗七星,从北斗一(大熊座α)到北斗七(大熊座η)又依次称为天枢、天璇、天玑、天权、玉衡、开阳和摇光。

中国古代对恒星的命名,可上溯到殷商。三国时代,公元 270 年前后,吴国太史令陈卓综合先秦以来甘德、石申和巫咸三个学派所观测的恒星,总结成一个规范化的星官体系,共含 283 星官、1464 颗星,并著录于图。此星图虽早已失传,但从唐中宗时期约 705—710 年间绘制的敦煌星图仍可知其大概。敦煌星图是世界现存古星图中星数较多又较为古老的一种,绘出约 1350 颗星。陈卓的星官体系直到清代才有较大改观。乾隆时出版的《仪象考成》(1757 年)载有星官 300 个,共含 3083 颗星。道光年间又编成《仪象考成续编》,星数增至 3240 颗。

中国古代基本的星空区划体系是三垣和二十八宿。三垣是紫微垣、太微垣和天市垣的合称。垣是墙的意思,每一垣都有两道墙(左右两垣)围出一个接近圆形的区域。紫微垣是以北天极为中心的区域。太微垣包括室女、后发、狮子等星座的一部分,天市垣则包括蛇夫、武仙、巨蛇、天鹰等星座的一部分。

有趣的是,古人把人间的帝王百官、朝廷宫殿等全都搬上了天。紫微垣是天上的皇宫,天皇坐镇中央北极,皇室眷族在旁,丞相辅弼等围成左垣和右垣。太微垣象征朝廷的行政机构,中央是五帝座,旁有太子、从官,左右两垣则由将相、执法、虎贲等围成。天市垣是天上的街市,有天帝坐镇,外围是各方诸侯组成的左右垣。两垣诸星各有序号,又各有诸侯领地为专名。如天市左垣十一(蛇夫座η)又名宋,天市右垣九(蛇夫座δ)又名梁。市中有车肆(载货沿街叫卖的车子)、列肆(各类商店)、屠肆(饮食、娱乐场所)等,还有帛度等计量监督部门。

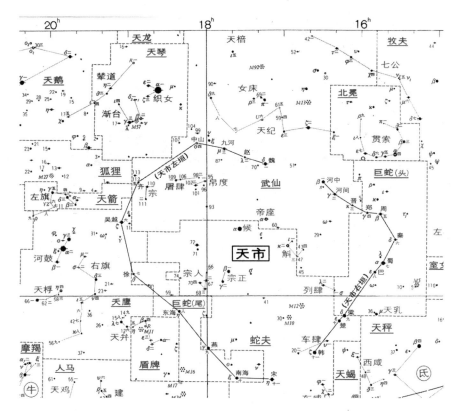

图 10-4 天市垣星图。下加线标记的文字均为现代国际通用星座名

二十八宿起初是沿黄道布列的 28 个星官，可分为各以动物名称命名的 4 组，即所谓的四象。每一象各含 7 宿，自西向东依次为：

东方苍龙：角、亢、氐、房、心、尾、箕；

北方玄武：斗、牛、女、虚、危、室、壁；

西方白虎：奎、娄、胃、昴、毕、觜、参；

南方朱雀：井、鬼、柳、星、张、翼、轸。

二十八宿中的不少恒星都很有名，例如角宿一（室女座α）、心宿二（天蝎座α）、毕宿五（金牛座α）、参宿七（猎户座β）等。后来，二十八宿的含义有所扩展，进而又指大致沿黄道划分的 28 个更大的天区，每个天区各含一个原有的同名星官，此处就不详谈了。

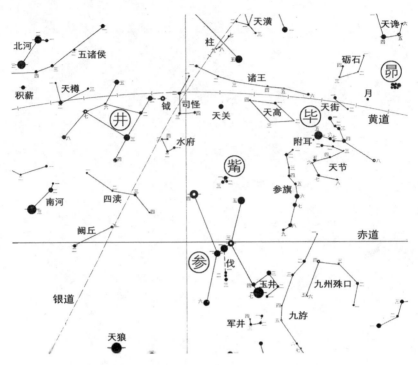

图 10-5 这幅星图是按中国古代星官体系绘制的,含有二十八宿中的昴、毕、觜、参、井诸宿。请试一试,根据本书介绍的知识,看看它们大致与哪些国际通用的星座相对应

别具一格的天文仪器

中国古代的天文仪器,也曾在世界上独领风骚。例如,最简单、最古老的一种仪器叫"圭表",它包括两个部分:直立在地上的标柱称为"表",沿南北方向平放的尺称为"圭"。根据表影的长度及其变化,可以确定一年之中包含的天数,还可以用来校正时间等。古人创制圭表的年代已难查考,但可以肯定,早在战国以前人们已经懂得用铅垂线来校验表的垂直。如今,位于南京市的中国科学院紫金山天文台还陈列着一具明清时期钦天监(即皇家天文台)使用的圭表。

中国古代用于测量天体位置的仪器,通常称为"仪",例如"浑仪";用来演示天体如何运动的,则称为"象",例如"浑象"。在一些古籍中,它们也常

统称为"浑天仪"。浑象最早是公元前52
年汉宣帝时代的耿寿昌制造的,东汉时期
伟大的天文学家张衡对它作了改进。张
衡设计制造的"漏水转浑天仪",简称浑天
仪,用来演示天象,其功能与现代的天象
仪相仿。这架仪器的核心部分是一具直
径4尺多的铜制浑象。浑象上绘有黄道、
赤道、南极、北极、二十八宿和全天星官。
浑象一半露在外围的地平环之上,一半处
于地平环之下。张衡用一套齿轮传动装
置将浑象同漏壶联系起来,以漏壶滴水推
动浑象均匀地旋转,使它与天体的周日视
运动同步。人在室内观察浑象,就可以知
道天空中哪颗星星正处在哪个位置上。
这台仪器使用的漏壶,是迄今所知最早的

图 10-6　现代著名画家蒋兆和
(1904—1986)的人物画像张衡,是中
国人民邮政 1955 年发行的纪念邮票
"纪 33 中国古代科学家"张衡(左上角
小图)的形象原型

两级漏壶。浑象外面还附设日月行星的模拟物,可随时移动,以标示相应
天体在天空中的实际位置。漏水转浑天仪对中国天文仪器的发展有很大
影响,唐宋时代在其基础上又研制出了更加精致的天文钟和天象演示仪器。
张衡对天文学有许多贡献,为纪念他的功绩,国际天文学联合会将月球背
面的一个环形山以及第 1802 号小行星命名为张衡。

　　中国古代最主要的天文观测仪器是浑仪,它的历史很悠久,何时发明
已难断定。但可以肯定,西汉时期的天文学家落下闳就已经制造过浑仪。
后世的浑仪不断改进,造型也越来越精美。北宋时期与王安石同榜考取的
进士苏颂,是一位重要的天文学家和药学家。元祐元年(1086 年),他奉命
检验皇家的新旧浑仪时指出,演示用的仪器必须与用于实际观测的仪器相
配合,才能充分体现天文仪器之精妙。为此,他提议建造一座集浑仪、浑象
和报时装置于一体的大型综合性天文仪器,即"水运仪象台"。元祐七年
(1092 年)水运仪象台建成,它高约 12 米、宽约 7 米,是上狭下广的正方台
形木结构建筑,外观宏伟而精美,是中国古代的杰出创造。

图 10-7　2012 年 8 月在北京举办的第 28 届国际天文学联合会大会期间展出的苏颂水运仪象台 1∶3 复原模型

水运仪象台分三层：上层是个板屋，置铜制浑仪，用来测量天体的位置。板屋顶部由 9 块活动面板组成，可随意摘除，是近代望远镜观测室活动屋顶的先驱。中层为一密室，内置浑象。下层包括一套计时报时系统和全台的动力机构。整个仪器以漏壶的流水为动力，通过巧妙的齿轮传动和一组类似近代钟表擒纵器的机构的控制，使浑仪、浑象、计时报时系统全都与天体的周日运动同步运转。浑仪自动跟踪天体的装置，堪称后世转仪钟的雏形；浑象可自动地演示星辰的位置；计时报时系统通过敲钟、打鼓、击钲或轮番出现木人等形式，自动地显示时、刻、更、筹的推移，它是世上最早的天文钟。水运仪象台建成后，苏颂又撰写了《新仪象法要》一书。书中既给出水运仪象台的整体结构图象，又条理分明地绘制出各个部件，这部高水准的天文仪器机械图集，为后世复原水运仪象台提供了极重要的依据。

坐落在河南省登封市告成镇北的古观星台，是中国现存可靠的最早天文台建筑，也是重要的世界天文古迹。它是一座具有观星、测影、计时等多种功能的天文台，在经历了 700 多年的风风雨雨之后，台上原有的仪器已荡然无存，台身上甚至留下了侵华日军炮击的伤痕，但它依旧巍然屹立。中华人民共和国成立后，对观星台台体和有关文物进行了加固维修。1961 年，

图 10-8　坐落在河南省登封市告成镇的古观星台

国务院确定登封古观星台为全国重点文物保护单位。

　　位于北京市建国门立交桥西南角的北京古观象台，是明清两朝的国家天文台，也是一座举世闻名的古天文建筑。它建于明代正统七年（1442 年），是世上现存最早的天文台之一，比建于 1675 年的英国格林尼治天文台还早 233 年。从 1442 年到 1929 年，它连续从事天文观测长达 487 年，取得了许多很有价值的观测资料。例如，北京古观象台观测到著名的"第谷新星"（1572 年出现在仙后座的一颗超新星），实际上比丹麦天文学家第谷本人的发现还要早 3 天。这座观象台建筑整齐端庄，台上安放着 8 件保存完好的

图 10-9　北京古观象台历史照片（1956 年）

大型铜铸天文仪器。考察这些仪器不仅可以了解古代天文学家的工作情况，而且可以看出中国冶金、铸造的传统工艺水平。这些仪器是清代康熙和乾隆年间，由在中国朝廷任职的西方传教士奉旨设计建造。它们的造型、花饰、工艺都具有鲜明的中国传统特色，刻度、游表、结构等方面又反映了欧洲在文艺复兴时代以后制造天文仪器的进展和水平。因此，它们又是东西方文化交流的历史见证。1982 年 2 月，北京古观象台被国务院列为全国重点文物保护单位。

郭守敬的辉煌业绩

伟大的元代天文学家和水利专家郭守敬 1231 年出生于邢州邢台县（今河北省邢台市）。他自幼聪慧好学，很早就显示出可贵的科学才能。他十五六岁就独自制成工艺已失传的计时仪器"莲花漏"，20 岁率众修复家乡的石桥、填补堤堰的决口。31 岁首次觐见元世祖忽必烈，就提出 6 条水利工程建议。此后，他又领导完成修浚西夏古河渠等多项重要任务，并根据实测结果编制了黄河流域一定范围的地形图。他还在大地测量工作中，在世界上首创了相当于"海拔"的概念。

1276 年，元世祖忽必烈将郭守敬和数学家王恂调到新成立的太史局，同时着手 4 项工作，即建造新天台、制造天文仪器、进行天文观测和开展理论研究。1279 年，忽必烈下令建造太史院——相当于国家天文台，由郭守敬、王恂等负责。太史院规模庞大、仪器精良，在当时属于世界先进。到 1280 年，上述任务都已基本完成。

郭守敬全力投身天文事业时已 45 岁。他陆续创制了简仪、仰仪、高表、景符等 20 来件新天文仪器，件件构思巧妙，制作精良。早先的浑仪有许多环圈，容易相互遮蔽，运转也不够灵便。郭守敬首制的简仪革新简化了唐宋两代浑仪的复杂结构，只保留了最基本的环圈，将其分开安装成二组，并用窥衡取代了传统的窥管。窥衡是两端各安装一根细线的铜条，观测时使两根细线与天体处于一个平面内，这就提高了仪器的照准精度。郭守敬原来的那些仪器如今已不复存在，明朝曾在公元 1437 年仿制过几件，其中

图 10-10　明英宗正统二年（1437 年）仿元代仪器制造的简仪，现陈列在南京市中国科学院紫金山天文台

也有一架简仪。现在，这架仿制的简仪依然陈列在地处南京的中国科学院紫金山天文台上，其巧妙的科学构思和精湛的制造工艺令无数参观者赞不绝口。郭守敬制造的水力机械钟传动装置相当先进，也走在 14 世纪诞生的欧洲机械时钟的前头。

郭守敬规划建造了前文已经提及的河南省登封市告成镇的城墙式古观星台。他主持的"四海测验"，是中世纪世界上规模空前的一次大范围地理纬度测量。郭守敬编制的星表所包含的实测星数突破了世界上的历史记录，而且在 3 个世纪后仍无人超越。他测定的黄赤交角数值非常准确，直到 500 年后还被法国科学家拉普拉斯用来佐证黄赤交角随时间而变化。

中国自殷商时代起，到清朝末年止，先后创建了百余种历法。郭守敬和王恂等人在上述各项工作的基础上，于 1280 年制定了达到中国古代历法最高水平的《授时历》。它实际使用达 364 年之久，是中国古代使用时间最长的历法，在当时的世界上也一直领先。《授时历》将回归年的平均长度定为 365.2425 天，仅比实际年长多出 0.0003 天。欧洲人直到公元 1582 年罗马教皇格里高利十三世改革历法，才采用和《授时历》相同的年长，而时间已比郭守敬晚了 302 年。在编纂《授时历》的过程中，王恂、郭守敬创造性地使用了"三差内插法"，大约 400 年后欧洲才出现类似的数学方法。

1291 年，60 岁的郭守敬再次奉命领导水利工作。两年后，从大都（今北京）到通州（今北京通州区）的运河——通惠河，在他主持下竣工通航。他主持兴修的水利工程，对农业、交通和大都市的繁荣都作出了历史性的贡献。

图 10-11 屹立在河北省邢台市的郭守敬铜像

1316 年，郭守敬与世长辞。700 年来，人们对他的赞誉众口一词。1962 年中国发行的"中国古代科学家"纪念邮票中，就有一枚是郭守敬的半身像。国际天文学联合会于 1970 年将月球背面的一座环形山命名为"郭守敬"，1978 年又将第 2012 号小行星命名为"郭守敬"。1986 年，邢台市的"郭守敬纪念馆"正式对外开放。纪念馆的郭守敬铜像全高 4.1 米，重 3.5 吨。但见郭公昂首阔视，真是气度非凡啊！

中国天文学在前进

在明代，经过差不多两百年的停滞，到了万历年间（1573—1620 年），随着资本主义的萌芽，社会对天文学又产生了新的需求。就在这时，欧洲的一些耶稣会传教士来到中国，他们迎合了这种需求，开始向中国人传播不破坏其宗教信条的欧洲科学技术知识。明朝末年传教士利玛窦与中国学者徐光启的交流和合作，便是最著名的一例。中国天文学从此日渐与西方天文学融合。1859 年，李善兰和传教士伟烈亚力合译了英国天文学家约翰·赫歇尔的名著《谈天》(原名《天文学纲要》),使中国人首次看到了西方近代天文学的全貌。

　　然而,当时的中国已沦为半封建半殖民地社会,天文事业举步维艰,乃至濒于奄奄一息。五四运动以后,中国天文学会于 1922 年 10 月 30 日在北京成立,当时的会章即明确:"本会以求专门天文学之进步及通俗天文学之普及为宗旨"。将近一个世纪以来,中国天文学家在这两个方面都洒下了辛劳的汗水。

　　差不多也在那时,中国开始建立自己的现代天文机构。1926 年,中山大学成立数学天文系,1929 年建成教学天

图 10-12　20 世纪 30 年代建成之初的紫金山天文台

文台。1928 年,民国政府的中央研究院成立天文研究所;1934 年,在南京市的紫金山第三峰上,天文研究所下辖的紫金山天文台宣告落成。不久抗日战争爆发,天文机构内迁到昆明凤凰山,天文事业很难有显著的进展。

　　1949 年中华人民共和国成立后,中国现代天文事业的境遇有了根本转变。中华人民共和国建立之初是接管、恢复、调整阶段。中国科学院将原天文研究所更名为紫金山天文台,将昆明凤凰山天文台定名为昆明天文工作站,并接管了原先由法国人在上海建造的徐家汇和佘山两座观象台。1952 年,中山大学天文学系同齐鲁大学天文算学系合并,成为南京大学天文学系。

　　1953 年以后,各天文台站陆续修复并增添仪器设备,逐步开展研究工作。此后,上海天文台(由徐家汇观象台和佘山观象台合并而成)、北京天文台、云南天文台(由昆明天文工作站扩建)、陕西天文台相继成立,并设立了长春、广州、乌鲁木齐 3 个人造卫星观测站以及武汉时辰站。北京师范大学天文学系、北京大学地球物理系天体物理专业、中国科学技术大学天

体物理研究室等教学机构也先后诞生。1957年,中国自然科学史研究室下设天文学史研究组,开始系统地整理研究中国古代天文学遗产。同年,中国第一座大型天文馆——北京天文馆建成。1958年建立的南京天文仪器厂,为中国自行研制天文仪器创造了必要的条件。

到20世纪80年代,中国已经建成一批大中型的天文观测设备。其中包括当时远东最大的光学天文望远镜——2.16米反射望远镜,1.56米天体测量望远镜,1.26米红外望远镜,米波综合孔径射电望远镜,天线口径为25米的甚长基线干涉仪站,口径13.7米的毫米波射电望远镜,以及居世界领先水平的太阳磁场望远镜和多通道望远镜等。

图10-13 中国科学院新疆天文台(前身为乌鲁木齐天文站)南山站风光,图中右下方是一架口径25米的射电望远镜

光阴似箭,日月如梭。代代相传、不懈奋斗的中国天文学家迎来了新世纪的曙光。那时,中国科学院组建了五大天文观测基地(兴隆、怀柔、德令哈、南山、佘山)和七大实验室(LAMOST工程、空间天文技术、毫米波和亚毫米波、天文光学技术、大射电望远镜、VLBI、天文光学与红外探测器)。2001年,中国科学院组建成立国家天文台(包含原北京天文台、云南天文台、乌

鲁木齐天文站、长春人造卫星观测站以及南京天文仪器研制中心的一部分）和国家授时中心（原陕西天文台）。不仅如此，中国科学院还和高校密切合作，建立了北京联合天体物理中心、华东天文与天体物理中心，以及上海天文地球动力学研究中心。北京大学天文学系、中国科学技术大学天文学系、清华大学天体物理中心等也先后建立。所有这些，都使中国的天文机构和队伍发生了深刻的变化。

　　21世纪是中国天文界观测设备发展最快，成果最为丰硕的时期。例如，在已建成的观测设备方面，郭守敬望远镜（即LAMOST）就非常引人注目。它既是中国天文学家自主创新的望远镜，也是世界上口径最大的大视场望远镜和光纤光谱获得率最高的望远镜。它的工程难度和技术先进性，都与目前国际上那些口径8~10米的望远镜相当，它的建成使中国初步具备了研制30米级光学望远镜的能力。再如，对于天文观测而言，为了尽量减少地球大气的干扰，为望远镜选择优秀的天文台址可谓至关紧要，当今世上许多第一流的天文望远镜都坐落在高山之巅。中国天文学家深知南极大陆上南极点附近冰穹A的价值：那里的海拔超过4000米，空气洁净，而且极为干燥，含水量比沙漠地区还少，是地球上天文观测条件最佳的地点之一。与此同时，南极有极夜和极昼现象，可以长达几个月之久连续不断地观测群星或太阳。近20年来，中国天文学家抓住在南极冰穹A建立

图10-14　南极望远镜。（左）安装第二台南极巡天望远镜，背景右下侧的第一台南极巡天望远镜清晰可见；（右）安装在塔架上的两台"差分图像运动测量仪"（简称DIMM），用于监测当地的视宁度——评价大气宁静或抖动的一种指标（供图：商朝晖）

内陆科考站的时机，开辟南极天文观测新平台和南极内陆天文科考新领域，在冰穹Ａ建造南极巡天望远镜（拟建3台，简称AST3）等设备，以供研究黑洞、暗物质、暗能量、宇宙起源等天文学前沿课题。虽然目前这些设备都还不是大型的，但它们是南极天文学精锐的先头部队，日后必将有更大更多的装备沿着它们开辟的道路不断前进。

诸如此类激动人心的实例，可以举出不少。令国人特别自豪的是，前文已几次提及的"中国天眼"——500米口径球面主动反射面射电天文望远镜（FAST），自2010年作为国家大科学装置立项开始建造，至2016年9月25日已正式竣工，落成启用。中共中央总书记、国家主席、中央军委主席习近平给科研人员和建设者们发来贺信——这是党和国家最高领导人第一次为大科学工程落成发贺信！FAST项目的首席科学家兼总工程师，是中国科学院国家天文台的南仁东研究员。他于2015年3月查出肺癌晚期，治疗后不久又于秋天返回工地，投身工作鞠躬尽瘁。2017年9月15日，南仁东与世长辞，享年72岁。同年11月17日，中共中央宣传部追授南仁东"时代楷模"荣誉称号——这是党的十九大以来的第一位"时代楷模"，号召全社会向南仁东学习。12月8日，在北京人民大会堂举行了由中宣部、科技部、中国科学院、中国科协、贵州省委联合主办的南仁东先进事迹报告会。

2018年9月30日下午，南仁东事迹展暨南仁东塑像揭幕仪式在中国科学院举行。10月15日，在贵州"中国天眼"基地举行第二座南仁东塑像揭幕仪式和"南仁东星"命名仪式。12月18日，中共中央、国务院授予南仁东"改革先锋"称号，并颁发改革先锋奖状。12月31日晚7时，国家主席习近平通过中央广播电视总台和互联网，发表2019年新年贺词。他说"此时此刻，我特别要提到一些闪亮的名字"，并说道"今年，天上多了颗'南仁东星'"。FAST建成后，多国合作（包括中国）的国际大型科学工程"平方千米射电望远镜阵"（简称SKA）项目总干事、英国曼彻斯特大学著名射电天文学家菲利普·戴蒙德说："FAST令人惊叹，它把中国天文学带到世界第一梯队。"2019年3月，作为"中共中央宣传部2018年主题出版重点出版物"的《中国天眼：南仁东传》一书面世。此书作者是当代文学家王宏甲，2016年他曾担任中央电视台大型纪录片《长征》的电视总撰稿。诚如作者"写在前面"所言：

"南仁东用自己的全部生命换来了它（按：指中国天眼 FAST）。当然，缔造它的还有成千上万的科研人员、工人和中国悠久的文化精神，它是当今中国综合国力的体现。"《中国天眼：南仁东传》确实是一部很优秀的作品，非常值得一读。

图 10-15　《中国天眼：南仁东传》，王宏甲著（北京联合出版公司，2019 年 3 月）

中国天文事业的迅速发展，中国天文学家的科研成果，受到了国际天文界同行的关注和崇敬。2012 年 8 月 20 日至 31 日，国际天文学联合会第 28 届大会成功地在北京召开。来自世界各国的 3000 多名天文学家济济一堂，进行学术交流。这是中国自 1935 年加入国际天文学联合会以来，首次举办的全世界天文界的盛会，也是中国天文学会成立 90 年来的一件空前的大事。

图 10-16　2012 年 8 月 30 日，中国科学院院士、国际天文学联合会前副主席方成教授在北京第 28 届国际天文学联合会大会上作报告

图 10-17 在北京第 28 届国际天文学联合会大会期间，本书作者同国际天
文学联合会前任主席法国女天文学家卡特琳·策扎尔斯基交谈

如今，中国专设天文教学的高校已经超过 10 所，优秀人才不断涌现。中国天文学家素有不畏辛劳、自强不息的优良传统。如今，老中青几代天文学家正在继续为中华民族天文事业重振雄风、再现辉煌，为使中国由天文大国变成天文强国、全面跨入世界天文先进行列而团结奋斗、顽强拼搏……

结　语

　　我们不要以为事情到此就结束了。天文学始终在越来越快地往前发展。在过去这二十五年中人们学到的东西比先前整个人类有史以来所学到的全部东西还要多。那么在往后的二十五年内，摆在我们面前的会是些什么呢？

——艾萨克·阿西莫夫：《走向宇宙的尽头》

　　图 11-1　哈勃空间望远镜于 1995 年拍摄的这幅图像中，那些貌似象鼻的分子氢云是距离地球 7000 光年的鹰状星云的组成部分。在这些长达数光年的柱内，星际气体稠密得足以产生大量的新恒星，故被称为"创生之柱"

天文学与人类文明

阅读这本小书,仿佛是在拥抱群星。我们看到了有关宇宙和天体的种种奥秘,回望了人类认识宇宙的历程。现在,再让我们对天文学和人类文明的密切关系做一个简单的小结吧。

上古的游牧民族在辽阔的草原上放牧、迁徙,那时既没有地图又没有指南针,他们怎样辨别方向呢? 靠的是观察天空中的星星。上古的农业民族从事耕作,他们怎样确定播种和收获的季节和时令? 靠的是观察群星出没时间的变化。古代的渔民和水手在汪洋大海中前进,他们怎样为自己导航? 靠的是辨认星空。他们又怎样知道潮水涨落的时间? 靠的是观察月亮的盈亏圆缺……于是,大约在 6000 年前,天文学就悄然萌芽、诞生了。它是自然科学中最古老的学科之一,也是人类文明进步的象征。

天文学是一门基础科学,它使人们了解自然、认识宇宙。天文学中提出的各种问题,促进了其他许多学科的发展。例如,行星为什么环绕太阳旋转,它们为什么既不会掉到太阳上,又不会跑到别的地方去? 300 多年前,伟大的英国科学家牛顿对这些问题进行深入的研究,发现了著名的万有引力定律,并且建立了他的整个力学体系。如今,交通、建筑、水利、采矿、军事、科研,什么地方离得了力学计算呢?

又例如,天文学和数学也总是形影不离。数学中最基本的概念"角度",首先就是在上古的天文观测中渐渐形成的。随着天文学的发展,它所需要的数学也越来越深奥,越来越复杂,这样就促进了数学的发展。请看,历史上一些最著名的科学家,如祖冲之、郭守敬、牛顿、高斯、拉普拉斯等,不就既是数学家又是天文学家吗?

图 11-2 英国科学家艾萨克·牛顿(1642—1727)

天文学研究宇宙中的一切天体,它们的种类形形色色,它们的情况变化万千。例如,有的天体温度高达几千万度,有的密度比水银还高 10 万亿倍,有的磁场强得惊人,有的还会发生规模极大的爆发……这些特殊的环境和条件,在地球上的实验室里都无法实现,所以宇宙间的各种天体和宇宙空间本身,仿佛为人类提供了一个无与伦比的天然实验室。大自然本身在这个“宇宙实验室”里演示着种种实验——各种自然现象,它们给人类以巨大的启示,使人类懂得了物质在各种极特殊的条件下如何运动变化的规律。

例如,在 20 世纪 30 年代,天文学家弄清了恒星内部在上千万度的高温下,进行着氢原子核聚变为氦原子核的“热核反应”,它是太阳和其他恒星的能量来源,是太阳千百年来不断发光发热却依然那么明亮的原因。这使

图 11-3   欧洲共同体建成的“欧洲联合环”,简称 JET。1991 年 11 月,科学家们将含有 86% 氘和 14% 氚的混合燃料在 JET 中加热到 3 亿摄氏度,首次安全成功地实现了氘—氚等离子体的聚变反应

人们想到,热核反应能不能在地球上用人工方法实现? 如果能做到这一点,那么人类就再也不用为缺乏能源而发愁了。后来,人们果真在地球上实现了氢的热核反应——造出了威力空前的氢弹。但是,氢弹的破坏力只能在世间造成灾难,而不会给人类带来幸福。那么,能不能让威力巨大的热核反应为和平与建设服务,为人类创造更美好的未来呢? 是的,科学家们还在研究这个难题:怎样控制热核反应,使它产生的能量按人们的需求徐徐释放出来,而不是像氢弹那样猝然爆发。这就是人们常说的"受控热核反应"。

在现代社会的各个方面,天文学有着非常广泛的应用。例如,提供准确的时间、编制年历和星表,都是天文学的重要任务,人们的日常生活、工农业生产、大地测量、军事活动、航天飞行等都少不了它。又如,太阳上的激烈活动会引起地球磁场和电离层的变化,甚至会使短波无线电通讯中断;太阳活动剧烈时还会发出大量的高能粒子和X射线,这对宇宙飞船和空间站上的宇航员和仪器设备都是很大的威胁。从这些方面来看,天文学家提供的空间天气预报所起的作用,并不亚于地球上的天气预报。再如,发射人造卫星和宇宙飞船的费用十分昂贵,为了做到以最小的代价取得最多最重要的资料,就得用天文学的方法精心设计它们的轨道……天文学的知识是那么引人入胜,天文学的用途又是那么广泛,难怪人们常说,谁要是对现代天文学一无所知,他就不能算接受了完满的教育。

抚今思昔,回顾几千年来天文学的发展,我们可以看到,起初人们认识宇宙的进程相当缓慢。直到16世纪,哥白尼确立了日心学说,人们才正确地认识到地球并不在宇宙的中心,而是环绕太阳运行的一颗行星。17世纪初,伽利略发明了天文望远镜,人们的目光才开始投向更加遥远的太空深处。

从那以后,天文学发展的速度就越来越快了。到了19世纪末,人们已经发现8颗大行星和许许多多的小行星,并且掌握了天体运动的力学规律。人们已经测量出一些恒星的距离,查明了离太阳最近的恒星也远在好几光年以外。人们弄清了太阳只不过是恒星世界中的普通一员,它也像其他恒星一样,在银河系中不停地运动着。人们还建造了越来越大的天文望远镜,用它们发现了许多新天象和新天体,同时也提出了许多既重要又有趣的新问题:月球究竟是怎样诞生的? 火星上究竟有没有生命? 旋涡星云究竟是什么东西？……

20世纪的天文学家不但很好地回答了这些问题,而且作出了一系列意义更加重大的发现。请看这些激动人心的例子吧。

人们造出了口径巨达10米的光学天文望远镜。它们配上极灵敏的接收器,足以探测到像几万千米以外的一支小蜡烛那么微弱的光。它们使人类的目光触及了100亿光年以外的遥远天体。

人们发现无数的河外星系正在以巨大的速度四散远离,发现我们的宇宙正处在一种宏伟的整体膨胀之中。这使人类懂得了不仅每个天体都在运动变化,而且连整个宇宙本身也不是静止不变的。

人们弄清了恒星的能源是热核聚变反应,弄清了恒星是怎样演化的。

图11-4　2013年6月13日,北京航天飞行控制中心大屏幕显示的"神舟十号"载人飞船与目标飞行器"天宫一号"自动交会对接成功的模拟画面

因此，天文学家可以娓娓动听地讲述一个长长的故事，告诉你一颗恒星怎样诞生和成长，又怎样衰老直至走向死亡。

人们发明了射电望远镜，开创了射电天文学。从此，天文学家除了原来那只"光学眼睛"外，又增添了一只新的"射电眼睛"，它专门负责观测来自宇宙和天体的无线电波。人们用这只"射电眼睛"发现了太阳的射电辐射，探明了银河系的旋臂结构，发现了类星体、脉冲星、星际有机分子、宇宙微波背景辐射……

图 11-5　哈勃空间望远镜于 2004 年拍摄的这幅"深场"图像，显示出成千上万个非常遥远的星系

　　人们突破了地球大气层的封锁和包围，把望远镜送上了天——不仅是光学望远镜，而且还有红外望远镜、紫外望远镜、X 射线望远镜以及γ射线望远镜，从而开启了全波段天文观测的新时代。它使天文观测摆脱了大气层的干扰，使人类看到的宇宙更加清晰、深入和全面。

　　人类破天荒第一次派出自己的使者——先后 6 批 12 名宇航员，踏上了地球以外的另一个星球——月亮。无人驾驶的宇宙飞船访遍了太阳系各大行星和它们的许多卫星。从此天文学就不只是单纯进行远距离的观测了，它随着空间时代的来临，迈入了近距离探测甚至实地考察的新阶段。

　　随着 21 世纪的来临，令人振奋的天文学新成就更是接踵而至。天文学家发现了宇宙正在加速膨胀的证据，并由此获悉宇宙中存在着巨额的暗能量；探索系外行星——即太阳系以外其他恒星周围的行星系统——取得了突破性的进展，人们迄今已经发现数以千计的系外行星，其中有的同地

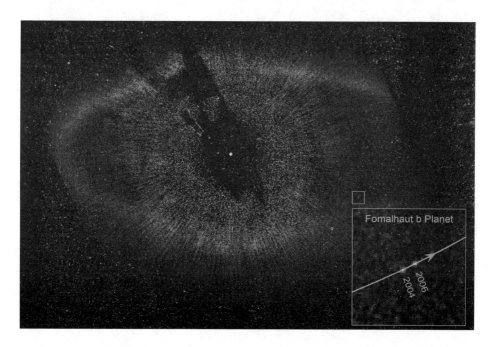

图 11-6　哈勃空间望远镜于 2008 年用高级巡天照相机拍摄的恒星南鱼座α（中名北落师门）及周围尘埃环的照片，右下方的小白框指明新发现这颗恒星有一颗行星（称为北落师门 b），图中标出了此行星在 2004 年和 2006 年所处的位置（来源：哈勃空间望远镜网站）

球颇为相似,从而为探索地球外的生命带来了新的希望;人们正在建造更加先进的各种天文望远镜,正在更仔细地监测可能由其他星球上的智慧生物发来的微波信号;太阳系行星的空间探测也达到了更高的水准,"新视野号"探测器于2015年7月顺利飞越冥王星,完成了既定的探测任务,正进一步深入柯伊伯带的纵深地带;在火星表面自动行走的火星车一代更比一代强,前所未知的新发现不断传来,人类正在为亲自登上火星作精心的准备,也许一二十年之后这一愿景就将成真;世界上多个国家纷纷启动新一轮的月球探测,中国也成了此轮探测的一支生力军,中国航天员登上月球的日子已经不会太遥远……

图 11-7　两位工程师和三代火星车在美国国家航空航天局喷气推进实验室的火星车实验场合影,由图可以看出这些火星车的真实大小。左前方是"火星探路者号"携带的火星车"旅居者号"(1997年),左侧后方是"勇气号"火星车(2004年),右侧是"好奇号"火星车(2012年)

当然,我们也不会忘记,天文学为人们树立正确的宇宙观所起的决定性作用。德国著名哲学家康德(1724—1804)在他的重要著作《实践理性批判》中有一段名言：

　　　　世界上有两件东西能够深深地震撼人们的心灵，一件是我们心
　　中崇高的道德准则，另一件是我们头顶上灿烂的星空。

　　走进天文学,将会使你对这一名言所蕴含的哲理有更深刻的领悟。
　　昨天和今天的天文学取得了极其辉煌的胜利。可以预期，明天的天
文学家——其中很可能就包括你——必将会取得远比今天更加伟大的新
成就！

附　录

《拥抱群星——与青少年一同走近天文学》特色浅析

中国科学院紫金山天文台　刘炎

2016 年 12 月 17 日，我有幸参加由上海市科学技术协会、中国科普研究所和中国科普作家协会主办的"加强评论，繁荣原创——卞毓麟科普作品研讨会"，分享到不少科普创作的感悟与经验，并喜获卞毓麟先生新作《拥抱群星：与青少年一同走近天文学》（上海科学普及出版社，2016 年 10 月，下简称《拥抱群星》）。但见封面上"中国天眼"FAST（500 米口径球面射电望远镜）的"最新全景图（2016 年 7 月）"已赫然在目，这在所有的图书中拔了头筹。封底配以"中国科学院国家天文台兴隆观测基地景观"，这在科普图书中亦似无先例。全书卷首有我国天文学界前辈领军人、德高望重的中国科学院资深院士叶叔华先生"喜见卞毓麟新作《拥抱群星》"的题词：

2016 年上海科学普及出版社推出的《拥抱群星：与青少年一同走近天文学》（全彩版）书影

　　普及天文，不辞辛劳；
　　年方古稀，再接再厉！

封底又有中国科学院院士、国际天文学联合会前副主席、南京大学天文与空间科学学院方成教授和中国科学院上海天文台前台长、上海市天文学会名誉理事长赵君亮研究员的评语,皆言简意赅,堪称点睛。

遥忆半个多世纪前,我曾在南京大学天文学系与卞毓麟同窗五载。大学毕业后,我在中国科学院紫金山天文台致力科研直至退休,近30年来又涉足天文科普日深,是以与卞毓麟常有交流,而更多的是求教。

上述作品研讨会后回到南京,我随即将《拥抱群星》通读一遍,深感这是卞毓麟的又一部天文科普力作,既有其作品的一贯创作风格,又有若干新的特色。2017年初夏,欣闻《拥抱群星》入选"国家新闻出版广电总局2017年(总第十四届)向全国青少年推荐百种优秀出版物",乃起意试析此书的成功之道,并撰此文略述浅见,以求教于方家。

高屋建瓴　三线并进

初看书名,或以为《拥抱群星》就是一本介绍星星知识的读物。但细品之下就会发觉,诚如全书"结语"所言:"阅读这本小书,仿佛是在拥抱群星。我们看到了有关宇宙和天体的种种奥秘,回望了人类认识宇宙的历程。"通过一本仅10余万字的科普读物,让青少年了解古今天文学的概貌自然绝非易事,因为:

天文学是一门大科学,研究对象是浩瀚的宇宙,其时空尺度几乎包罗物理世界之全有,而其探测方法又广涉科学技术的诸多领域;

天文学是一门大科学,就认识史而言,是一门最古老的科学;而就发展史而言,又贯穿了人类进步的整个历程,现今更是最前沿、最活跃的学科之一。

然而,《拥抱群星》却以高屋建瓴之势,钩玄提要地纵览天文学全局大观,其中不仅呈现人们当今所识的宇宙图景,还展示了人类探索宇宙历程的主要脉络。

宇宙中的天体通常可分为太阳系、银河系、河外星系三大层次。《拥抱群星》中的"太阳家园"(第五章)、"恒星奇观"(第六章)、"河外胜景"(第七章),就分别描述了这三个层次的种种天体:不仅介绍了那些寻常的天体,更谈及了许多特异天体以及天文科学的前沿进展,例如矮行星、超新星、中子星、脉冲星、黑洞、星系团、星系"巨壁"（或星系"长城"）、宇宙大爆炸、"视界"、"平坦性"、"暴涨宇宙"、宇宙微波背景辐射、宇宙加速膨胀、暗能量等等，向读者展示了当代天文学的绚丽画卷。

在"观天巨眼"（第三章）、"波段的拓宽"（第四章）和"那座皇家天文台"（第八章）中，作者简要地介绍了自天文望远镜发明以来用以进行天文观测研究的工具、方法和场所，向读者展示了天文学家们探测宇宙的武器宝库。

作者把人类对于星空和天体的认知、观测研究的手段以及窥测探索的历程三者紧密交织，齐头并进地展示着天文学的概貌。此种"纵览全局、三线并进"的写法，正是《拥抱群星》的一个重要特色。

科文交融　异趣纷呈

科普佳作，常因其非同一般的可读性和趣味性而更受公众的欢迎。科文交融，正是提升可读性的最佳途径之一。天文读物之"科文交融"，是在人类历史文化的宏大背景上展现天文学进步历程的一种创作方式，这尤其需要作者的精心发掘和提炼。

科文交融，也是卞毓麟科普创作的鲜明特色之一，荣获 2010 年国家科

3 个版本的《追星：关于天文、历史、艺术与宗教的传奇》：（左）上海文化出版社 2007
年版、（中）湖北科学技术出版社 2013 年版和（右）长江文艺出版社 2018 年版

技进步奖二等奖的《追星：关于天文、历史、艺术与宗教的传奇》（下简称《追星》）就是他的科文交融的代表作。

在《拥抱群星》中，科文交融的特色也随处可见。书中在"三线并进"地展示星空画卷和探索历程的同时，不断插入种种人文故事，包括文学的、艺术的、历史的、哲学的、神话的，甚至宗教的等等。这些故事纷至沓来，不仅文采丰逸，而且趣味倍增，紧紧地吸引着读者的视线。书中各章首页引用的古今中外文、史、科、哲名言佳句，提示着下文的寓意，把整个画卷装点得更加灵秀动人。

此处谨举二例，以窥本书人文特色之一斑。

【例一】关于罗塞塔碑

撰写天体和宇宙的读物，人们往往习惯于从星空入手。然而在《拥抱群星》中，作者一开始却是这样地告知读者：

> "这本关于星星的书，应该从何说起呢？
> 我想先从一块并没有记录天文事件的石碑谈起。当你读了这个故事之后，就会明白其中的道理。"

接着，作者就向读者介绍了那块举世闻名的罗塞塔碑。原来，这块古埃及的石碑上镌刻着古埃及象形文字、古埃及俗体文字和古希腊文三种同样内容的铭文。经过历史学家和语言学家们精巧而艰苦的考证和研究，终于从中找出了解读古埃及象形文字的密钥，从而打开了古埃及历史文化的典藏宝库。

然后作者写道，罗塞塔碑的故事"和天文学又有什么关系呢？"

> "这种关系，是一种深层次的领悟和启示。试想，科学家们的全部努力不就在于寻找那种能够辨认大自然的语言的'罗塞塔碑'吗？"
> "不言而喻，每一位天文学家都希望自己能够找到识别宇宙之

谜的'罗塞塔碑'，希望自己能够为解读宇宙的'罗塞塔碑'作出决定性的贡献。"

这就揭示了天文学家对宇宙奥秘的探索与人们对历史文化渊源的追溯的异曲同工之妙，从而把天文学科融入人类认识发展的整个历程，汇入了人文进程的浩荡长流之中。

如果理解并且记住了这一点，那么在阅读后文中哥白尼的"日心说"（1543年）、开普勒的"行星运动三定律"（1609—1619年）、描述恒星世界秩序和演化进程的"赫罗图"（20世纪初）、描述星系世界宏观运动规律的"哈勃定律"（1929年）等天文学史上的关键性突破时，就更容易领悟到：它们不正是由伟大的天文学家们建树的一座座解读宇宙奥秘的"罗塞塔碑"吗？

在笔者所知的天文科普著作中，以罗塞塔碑开篇的实属罕见。从哲学的角度来看，这种从个性中提炼共性的方法，实在也是很高明的普及之道。

【例二】关于那座皇家天文台

天文台是专门进行天象观测和天文学研究的场所，是天文学家们拥抱群星的地方。这是天文学，特别是现代天文学中一个不可或缺的方面。

世上众多的天文台，各有自身的种种特色，有的已有数百年的辉煌历史。在一部天文科普作品中，欲以短短的章节介绍天文台的科学、技术、设备和功能等诸多方面，绝不是一件轻巧的事情。

然而在《拥抱群星》中，读者在不经意间就被带进了"那座皇家天文台"——英国苏格兰的"爱丁堡皇家天文台"（第八章）。这时，作者宛如一个导游，又像是一个朋友那样带着你悠然而行，讲解的方式也非同常规——不是一个又一个观测场所、一台又一台仪器的罗列铺陈，而是以爱丁堡皇家天文台自身的发展历程为主线，不时插入种种人文历史与掌故，特别是一代代天文学家的故事。

在历史上,爱丁堡皇家天文台是英国的主要天文台之一,在国际上也颇享盛名。它那两百多年的发展历程、科学成就和前沿性工作,有着相当的代表性。20世纪80年代末,卞毓麟曾作为访问学者在那里工作将近两年,因而读者听他讲述那里的故事时,又平添了一份亲切感。听着作者娓娓道来,也许你会豁然省悟,虽然只是"参观"了一座天文台,但对于现代天文台的发展脉络、仪器设备、主要功能等已有了一个大略的知晓,对于天文学家使用那些窥天利器来拥抱群星、揭示宇宙奥秘也有了基本的感性了解。你将会领略到,那座皇家天文台艰辛创业的往昔和当今天文学高歌猛进的势头,有着何等微妙而深刻的联系;当你再看看世上那些巨无霸式的天文望远镜时,也一定更会感到由衷的震撼和惊叹!

再次回到哲学语言上来,任何事物都有其特有的个性,但在这些个性之中又包含着此类事物的共性,这就是所谓的特殊与一般的统一。笔者以为,这也正是作者之用意所在:在具有代表性的特殊中显示一般。

准确及时　义深词简

知识性和趣味性,是科普作品不可或缺的两个方面。对《拥抱群星》而言,知识性就是指天文知识的确切性、可靠性和前沿性等,此中更体现了作者的科学求真精神。此处亦举二例,以见本书立足科学前沿的特色。

【例三】行星和矮行星

"矮行星"是因近几十年来太阳系探测的迅猛进展而在2006年新定义的一类天体,它们与"行星"的主要差别是必须"清空其轨道附近的区域"。

这里,"清空其轨道附近的区域"是一个地道的专业用语。如何向青少年读者解释这一用语,是颇费心力的,有些作者甚至因此而"省略"了必要的延伸阐述。

试看《拥抱群星》是如何解释的:

"行星必须有足够大的质量，从而其自身的引力足以使之保持近于圆球的形状，它必须环绕自己所属的恒星运行，并且已经清空了其轨道附近的区域（这意味着同一轨道附近只能有一颗行星）。早先知道的八大行星都满足这些条件。"

"另一方面，冥王星、2003UB313 等虽然接近圆形，却未能'清空其轨道附近的区域'。它们身处柯伊伯带中，那里的其他天体还多着呢！为此决议新设了"矮行星" 这一分类。除了冥王星、2003UB313，还有谷神星也必须划归这一类。"

这里，笔者用楷体字标识的说明，共计仅 40 来字，就把"清空其轨道附近的区域"这一专业术语以及矮行星和行星的主要差别解说清楚了。

【例四】宇宙加速膨胀和暗能量

这是现代宇宙学中两个处于最前沿而又至关重要的概念，解读这两个概念，要比"矮行星"更困难得多。然而作者也举重若轻地解决了问题：

"1998 年，美国的两个研究小组，一个由物理学家索尔·珀尔马特领导，另一个小组以天文学家布莱恩·施密特和亚当·盖伊·里斯为主，分别独立地发现在遥远的星系中， Ia 型超新星看起来要比预期的更暗淡，也就是说，它们的距离事实上比按照哈勃定律推算的更加遥远，因此宇宙是在加速膨胀着！这一结果从根本上动摇了人们对宇宙的传统理解。究竟是什么力量促使所有的星系彼此加速远离？科学家们至今不清楚这种与引力相对抗的东西究竟是什么，但是先给它起了个名字，即'暗能量'"。

作者在前文已对"哈勃定律"和"Ia 型超新星"有过简要的介绍，此处只用了 200 来字就把看似深奥神秘的"暗能量"及其与宇宙加速膨胀的关系交代清楚了。本文笔者用楷体字标示的几句话,正是作者的点睛之笔。

如此平易而浅显的语言,在介绍宇宙学和暗能量问题的中文资料中实属鲜见。这需要对天体物理学中这一重大问题有深刻的理解,更需要作者艰苦而精心的凝练加工。

立足前沿,准确而及时地反映天文学科的重大进展,是卞毓麟科普作品的又一个主要特色,这在天文界已广为人知。诚然,如何用公众易于接受的浅显而精炼的语言,来叙述想要介绍的专业知识,特别是那些当前看来还相当新奇而奥妙的术语或概念,常常是一个不小的难题。本文笔者看到卞毓麟那些精彩描述时,常会不禁自问:我怎么就没想到呢?

专章鉴史 揭伪斥谬

星空像是一册敞开的画卷,人人皆可仰望。然而,不同的人却往往会有不同的思考。天文学家总是在仰望中不断地探索求真,为人类的知识宝库增砖添瓦;有些人却假借星空天象,特别是某些罕见天象,制造种种奇谈怪论——与天文科学背道而驰的伪科学。古今中外种种"超自然的"占星术便是此类伪科学的典型代表。

揭露伪科学,是科学家和科普工作者责无旁贷的义务。为此,《拥抱群星》特地专辟一章"科学战胜怪诞"(第九章),详述了20世纪70年代一场著名的科伪之战。

旅居美国的俄国侨民伊曼纽尔·维利柯夫斯基,原是一位生理学家兼精神病医生。他以自己对《圣经》和一些神话传说的认识为出发点,附会若干天文学和地学的自然现象,提出了一些非常怪诞的"理论"。1950年,美国一家颇有声望的出版公司——麦克米伦图书公司推出了维利柯夫斯基宣扬这种"理论"的《碰撞中的世界》一书,此后在社会上造成了相当不小的影响。直到24年之后,以美国著名行星科学家兼科普大师卡尔·萨根为首的一批科学家站了出来,与维利柯夫斯基进行针锋相对的辩论,彻底批驳了维利柯夫斯基的奇谈怪论,才把这些谬论驱出了公众的视野。

　　用如此之多的笔墨来介绍一场科伪大战,在卞毓麟的天文科普作品中并不多见。笔者以为其用意应有两个方面:一方面是向青少年读者提示,在科学认知的进程中,要时时谨防假冒;另一方面是向科学界同行呼吁,在科学宣传的道路上,更应处处严禁伪劣。

　　作为一种人文现象,伪科学像幽灵一样,历来紧随科学而不舍,一旦有机可乘,随时都会夺路而出,蛊惑公众。随着现代科学的迅猛进展,天文学和物理学中不断出现许多新的概念、新的理论。然而,它们也往往很快就被某些"理论家"应声接手,炮制出新的奇谈怪论,喧嚣不已。

　　例如,有人把具有随意性的人类意识表象与有着随机性的量子物理现象连在一起,提出所谓的"量子意识",似乎量子也有自主的"意识"。有人甚至要创立什么"量子佛学"理论,似乎释迦牟尼当年在菩提树下就已然悟出了量子力学。对于科学家们迄今尚未探明其本质的暗物质和暗能量,又有人宣称,那里岂不正是灵异现象的隐身之处吗?

　　凡此种种,也都是"超自然"奇谈怪论的代表。如何看待它们? 笔者以为,《拥抱群星》中所介绍的卡尔·萨根等与维利柯夫斯基的那场科伪之战,正是我们可以借鉴的卓越范例。作者用心良苦,于此不难体察。

寄情宇宙　期待后昆

　　几十年来,卞毓麟著译的大量科普作品,内容几乎涵盖天文学科的所有分支。他的作品结构严密,条理清晰;科文交融,联想迭起;行文流畅,引人入胜,不时令人耳目一新。《拥抱群星》再次显示了他的创作风格。按照卞毓麟本人的说法,其所以能臻于此境,乃是因为始终坚守自己定下的"十六字诀":

　　　　分秒必争,丝毫不苟;博览精思,厚积薄发。

　　此说在科普界已广为流传,特别是后面那八个字,已被同行们公认是写好科普作品的必要条件之一。回首往事，我深感卜毓麟深厚的功底，其实在青年时代就早已开始积累了。

例如《拥抱群星》第二章的章首引语，是屈原《九歌·东君》中的片段。卜毓麟对于楚辞的研习，奠基于他的学生时代。当初我们在南京大学天文系求学，卜毓麟阅读了大量的课外书。他读书数量之多、领域之广、速度之快，在班上罕有出其右者。他着力研读屈原，并鼓动我也一起览阅。后来我发现，《离骚》和《九歌》的一些篇章，他都可以大段地背诵。

笔者以为，《拥抱群星》的创作特色在许多方面与《追星》有共通之处。二者都是科文交融的天文通俗读物，都以高屋建瓴之势，在人类文明进程的背景上、在探索宇宙的历程中展现天文科学之大观，将科学与文学、艺术、历史、哲学、神话、宗教等众多的文化要素冶于一炉奉呈读者。新读《拥抱群星》，回望《追星》，殊觉两者在某种意义上乃是姐妹之作。

然而，"姐妹"也有不同的特点。它们的读者对象不同，写作方法、取材也就有所差别。《追星》的读者，是"具备中等文化程度的广义的公众"。作者希望那些原先对科学未必感兴趣的人们，在翻阅《追星》之后，也乐意来关注天文、热爱星空，而并不计较他们究竟记住了多少具体内容。因此《追星》的取材主要落脚于太阳系天文学，而故事的内容更着重于人文。《拥抱群星》的读者，主要是青少年朋友，作者希望那些充满好奇的求知者们不仅要知悉追星的历程，还要能掌握最基本的天文知识。因此书中对太阳系、银河系、以及河外星系和宇宙这三大层次的天体，对天文学的最新进展，都作了言简意赅的介绍。

"中华天文源远流长"是《拥抱群星》的大轴子，一方面展示了辉煌于世的中国古代天文的历史长卷，另一方面又描绘了中国现代天文长足发展的美好前景。其目的显然是寄望、鼓励更多的青少年朋友能热爱天文，投身于中国未来的天文事业。作者在全书结尾时说道：

　　昨天和今天的天文学取得了极其辉煌的胜利，明天的天文学家——其中很可能就包括你（本文笔者按：指青少年读者），必将会取得远比今天更加伟大的新成就!

一个民族需要有一些关注天空的人。中国的天文学更需要有一批拥抱群星的青少年,他们将是未来中国天文事业的接班人和开拓者。笔者以为,这正是《拥抱群星》一书的期望所在。